贵州省耕地土壤
硒元素地球化学等级图集

朱要强　吕　刚　任明强　李龙波　蔡大为　等　著

科学出版社
北京

内 容 简 介

本图集以贵州省耕地质量地球化学调查评价45.4万件表层土壤样品数据为基础,展示了贵州省耕地土壤硒元素在不同尺度(省级、市级、县级)的含量分布,按照更细化的硒含量等级制作了贵州省耕地土壤硒元素地球化学等级图。本图集可为贵州省现代山地特色耕地的科学利用与管护提供基础支撑。

本图集可供土壤学、生态学、生物学、环境学、农学等学科研究人员参考,可为自然资源、生态环境、农业、林业、卫生等行政部门决策提供系统、大量的数据信息资料,指导和深化各方面的应用实践与学术研究。

审图号:黔图技审〔2024〕第〔020〕号

图书在版编目(CIP)数据

贵州省耕地土壤硒元素地球化学等级图集 / 朱要强等著 . —北京:科学出版社,2024.10
ISBN 978-7-03-077565-8

Ⅰ.①贵… Ⅱ.①朱… Ⅲ.①耕作土壤–硒–地球化学–图集 Ⅳ.① S155.4-64

中国国家版本馆 CIP 数据核字(2024)第 013754 号

责任编辑:韦 沁 / 责任校对:韩 杨
责任印制:肖 兴 / 封面设计:无极书装

科学出版社 出版
北京东黄城根北街16号
邮政编码:100717
http://www.sciencep.com
北京市金木堂数码科技有限公司印刷
科学出版社发行 各地新华书店经销
*
2024年10月第 一 版 开本:889×1194 1/16
2024年10月第一次印刷 印张:7 1/4
字数:250 000
定价:128.00元
(如有印装质量问题,我社负责调换)

作者名单

朱要强	吕　刚	任明强	李龙波	蔡大为	张美雪
冷洋洋	赵　宾	马　骅	卢裴裴	李茂林	张鸿晶
曾红晓	陶小郎	石　鑫	尹彦迪	杨兰兰	朱源婷
邓吉康	马义波	司　飞	徐　鸿	骆书飞	黄海韵
丁　恒	蒋国才				

项目参与单位

项目实施单位：贵州省自然资源厅

项目组织实施单位：贵州省地质环境监测院

项目工作单位：贵州省地质调查院　　　　　　　　　贵州省地质矿产勘查开发局一〇一地质大队

贵州省地质矿产勘查开发局一〇二地质大队　　贵州省地质矿产勘查开发局一〇三地质大队

贵州省地质矿产勘查开发局一〇四地质大队　　贵州省地质矿产勘查开发局一〇五地质大队

贵州省地质矿产勘查开发局一〇六地质大队　　贵州省地质矿产勘查开发局一一三地质大队

贵州省地质矿产勘查开发局一一五地质大队　　贵州省地质矿产勘查开发局一一七地质大队

贵州省地矿局地球物理地球化学勘查院　　　　贵州省地矿局区域地质调查研究院

贵州省地质矿产勘查开发局测绘院　　　　　　贵州省煤田地质局一一三队

贵州省煤田地质局一四二队　　　　　　　　　贵州省煤田地质局一五九队

贵州省煤田地质局一七四队　　　　　　　　　贵州省煤田地质局水源队

贵州省煤田地质局地质勘察研究院　　　　　　贵州煤矿地质工程咨询与地质环境监测中心

贵州省有色金属和核工业地质勘查局一总队　　贵州省有色金属和核工业地质勘查局二总队

贵州省有色金属和核工业地质勘查局三总队　　贵州省有色金属和核工业地质勘查局五总队

贵州省有色金属和核工业地质勘查局六总队　　贵州省有色金属和核工业地质勘查局七总队

贵州省有色金属和核工业地质勘查局物化探总队

贵州省有色金属和核工业地质勘查局地质勘测设计院

贵州省有色金属和核工业地质勘查局地质矿产勘查院

贵州省有色金属和核工业地质勘查局核资源地质调查院

项目样品检测单位：贵州省地质矿产中心实验室　　　　　　　　　湖北省地质实验检测中心

四川省地质矿产勘查开发局成都综合岩矿测试中心　华北有色地质勘查局燕郊中心实验室

云南省地质矿产勘查开发局中心实验室

前　言

　　贵州省人民政府为加快推进全省现代山地特色农业发展，实施绿色农产品品牌工程，部署了贵州省耕地质量地球化学调查评价这一重大民生工程。以贵州省第二次土地利用现状调查数据（2015 年更新）为基础，调查评价面积达 7191 万亩 [①]，涵盖耕地、园地及部分裸地。贵州省耕地质量地球化学调查评价项目首次探索创新山地耕地调查评价方法技术，经过三年多的调查评价工作，贵州省率先成为全国首个完成耕地质量地球化学调查评价（1∶50000）全覆盖的省份，取得了丰硕的成果。

　　样品野外采集与粗加工方法主要执行《土地质量地球化学评价规范》（DZ/T 0295—2016）。硒元素的检出限、准确度、精密度主要按照《生态地球化学评价样品分析技术要求》（DD 2005）执行。整个样品分析测试过程均严格按要求进行了分析质量监控，成图数据质量可靠。贵州省耕地质量地球化学调查评价项目在贵州省自然资源厅主导下，由贵州省地质环境监测院组织实施承担，调查任务由贵州省地质矿产勘查开发局、贵州省煤田地质局、贵州省有色金属和核工业地质勘查局三大国有地勘单位下属的专业技术队伍承担，共投入专业技术人员 2200 多名；分析测试工作由自然资源部认证的五家国内权威检测单位承担。

　　本图集的数据资料以贵州省耕地质量地球化学调查评价项目成果为基础，充分展示了贵州省耕地土壤硒元素在不同尺度（省级、市级、县级）上的含量分布，按照更细化的硒含量等级制作了贵州省耕地土壤硒元素地球化学等级图。本图集可为贵州省现代山地特色耕地的科学利用与管护提供基础支撑，可供土壤学、生态学、生物学、环境学、地学、农学等学科研究人员参考，可为自然资源、生态环境、农业、林业、卫生等行政部门决策提供系统、大量的耕地土壤硒含量分布信息，指导和深化各方面的应用实践与学术研究。

　　我省耕地质量地球化学调查评价工作取得的重大成果，主要归功于专家们科学合理的建议，领导的正确决策，各级部门的精心组织，所有技术人员的聪明才智和辛勤劳动，特别是野外第一线的样品采集人员。在此，将《贵州省耕地土壤硒元素地球化学等级图集》献给所有为贵州省耕地质量地球化学调查评价项目作出贡献的人！

著　者

2024 年 10 月 23 日

---

① 1 亩≈666.67m²。

目 录

编图概况

一、项目概况

为深入贯彻落实习近平总书记对贵州工作的重要指示精神，加快推进贵州省现代山地特色高效农业发展，实施绿色农产品品牌工程，省政府于 2017 年部署了贵州省耕地质量地球化学调查评价这一重大民生工程，共投入 2.97 亿元。历时三年，在全国率先完成了以县为单元的耕地地球化学质量调查评价，为实现贵州耕地质量、数量、生态"三位一体"科学管护提供基础支撑，为贵州省农业现代化建设奠定了坚实基础。

本次调查函盖水田、旱地、果园、茶园及部分裸地等地类，总计面积为 7191 万亩，其中耕地（水田、旱地、水浇地）面积为 6822 万亩，园地（果园、茶园）面积为 191 万亩。结合全省第二次土地利用现状调查成果（2015 年更新），按耕地图斑进行表层土壤样品布置，平均每平方千米耕地图斑布置采样点九个。同时结合区域情况，布置大气干湿沉降物、灌溉水、根系土、土壤剖面样、成土母岩、土壤有机农药残留样、农产品等八类样品。采集各类介质样品总计 493790 件，获得高精度分析测试数据 1100 万余个。

二、表层土壤样品采集

确保样品的代表性，确定采样点主坑位置，并采用 GPS 进行最终定点。以 GPS 定点的主采样坑为中心，在距离其 20 ～ 30m 范围内向四周辐射，确定 3 ～ 5 个分样点。当采样地块为长方形时，采用"S"形布设分样点；当采样地块近似正方形时，采用"X"形或棋盘形布设分样点。在采样点处采集 0 ～ 20cm 的土壤。尽量挑出根系、秸秆、石块、粪渣、未分解的化肥颗粒等杂物，各子样充分混合后装入干净的棉布样品袋中。每个分样点的采土部位、深度及重量一致，采样时均避开沟渠、林带、田埂、道路、旧房基、粪堆及微地形高低不平等无代表性或代表性差的地段。每个分样点采样深度均为 0 ～ 20cm，等分组合成一个混合样，混合样原始重量大于 1000g。

三、分析测试

样品分析测试由自然资源部认证的五家权威检测单位承担，土壤样品硒元素采用原子荧光光谱法（atomic fluorescence spectrometry，AFS），检出限精度高于 0.01mg/kg。

四、图件编制

土壤硒元素地球化学等级图由土地质量地球化学评价管理与维护（应用）子系统及 ArcGIS 10.2 软件联合处理完成。成图坐标系统为 2000 坐标系，中央子午线 105°。土壤硒等级划分见表 1。

表1　土壤硒等级划分表

指标		低硒	含硒	三级	二级	一级	特级	过剩
硒	标准值/(mg/kg)	≤0.2	>0.2~0.4	>0.4~0.5	>0.5~0.8	>0.8~1.2	>1.2~3.0	>3.0
	颜色							
	RGB值	234:241:221	214:227:188	194:214:155	178:204:76	122:146:60	79:98:40	0:35:0

五、自然环境

（一）成土母岩类型

成土母岩类型的划分是以其地质学特征为基础，综合考虑其环境、性质等因素，将全省成土母岩划分为碳酸盐岩、陆源硅质碎屑岩、区域变质岩、岩浆岩和松散堆积物五大类，按其对土壤形成和性质的影响分为灰岩、白云岩等14种母岩类型（图1）。

1. 碳酸盐岩

碳酸盐岩分布广泛、连片出露、岩类齐全、成因多样、厚度很大，是贵州最主要的成土母岩。其出

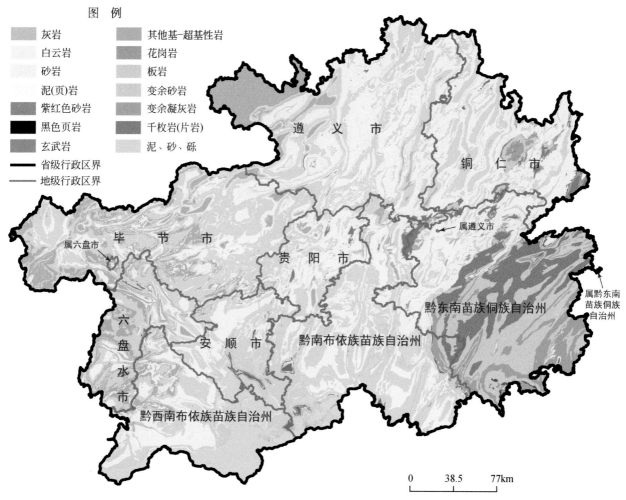

图1　贵州省成土母岩（质）分布图

露地层从震旦系至三叠系都有发育，分布上除黔东南外出露较少外，全省其他地方均有出露。全省碳酸盐岩出露面积为 97654.80km²，占全省面积的 55.48%。根据其岩性组合和成分差异进一步划分为灰岩和白云岩两类。

2. 硅质陆源碎屑岩

硅质陆源碎屑岩分为海相碎屑岩、陆相碎屑岩和过渡相碎屑岩三类，以海相碎屑岩发育最好，其主要出露地层为下寒武统、下志留统、下泥盆统、上二叠统、三叠系、侏罗系和白垩系。主要分布在黔西南，黔北赤水、习水，黔西煤系地层，黔东南西部以及黔南东部地区，面积为 48012.51km²。结合土壤形成和性质等实际情况，将硅质陆源碎屑岩划分为砂页岩、泥岩、紫红色砂页岩和黑色页岩四种成土母岩类型。

3. 区域变质岩

贵州省变质岩包括分布较多的板岩、变余砂岩和变余凝灰岩，以及分布较少的千枚岩、片岩等，连片出露于黔东南和黔南东部地区，分散于黔东北和黔中等地区，总体变质程度较低，原岩结构构造保留较好，主要为变质沉积岩，属低绿片岩相，产出层位为新元古代地层中的碎屑岩、火山碎屑岩。

4. 岩浆岩

贵州省岩浆岩出露很少，包括火山岩和侵入岩两大类。其中，出露的火山岩以玄武岩为代表，主要分布于黔西和黔西北地区；侵入岩以辉绿岩等基性－超基性岩和花岗岩等酸性侵入岩为主，主要分布于黔东南苗族侗族自治州和铜仁梵净山。

5. 松散堆积物

该类成土母质包括河流冲、洪积物、湖积物和老风化壳等未成岩的泥、砂、砾，面积为 253.00km²，全省均有分布，河流冲、洪积物和湖积物等以铜仁地区分布较多，次为六盘水市和黔南布依族苗族自治州；老风化壳则以遵义市和黔东南苗族侗族自治州分布较多。

（二）土壤类型

贵州省土壤面积约占国土总面积约 90.4%，分为 15 个土类，其中分布面积大于 1000 万亩的土壤类型有黄壤、红壤、黄棕壤、石灰土、紫色土、粗骨土、水稻土等七个土类（图 2）。

黄壤：面积约 11075.55 万亩，占全省土壤面积的 46.4%。其分布范围在东部丘陵山地海拔下限为 500～600m，上限为 1400m。黔中、黔南地区分布在海拔 800～1600m 范围，黔西地区分布在海拔 1000～1900m 范围。黄壤处于亚热带温暖湿润气候条件。有机质、全氮含量较高，全磷、全钾含量中等。黄壤多呈微酸性或酸性反应，适于烤烟、茶叶等作物生长。

红壤：面积约 1718.91 万亩，占全省土壤面积的 7.2%，主要分布在黔东海拔 600m 以下、黔南海拔 800m 以下、黔西南海拔 1000m 以下的弧形地带。该区水热条件优越，适于杉、松、油茶、柑橘、甘蔗等作物和早熟蔬菜生长。由于高温多雨，有机物与矿物质养分分解快，土壤有机质与矿物养分含量略低于黄壤。

黄棕壤：面积约 1479.62 万亩，占全省土壤面积的 6.2%。主要分布于海拔 1900～2200m 的黔西高原山地，黔中、黔北、黔东海拔 1400m 以上的山地也有分布。因气候较温凉，土壤有机质及土壤矿质养分较多，土体较疏松，适于林牧业的发展和马铃薯的种植。

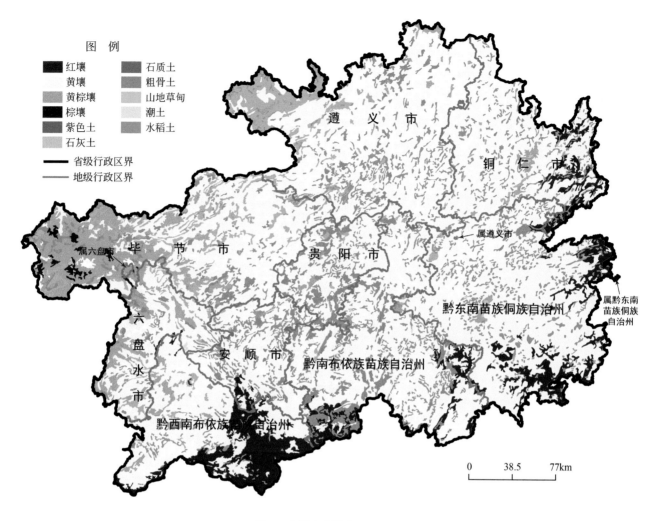

图2　贵州省土壤类型分布图

　　石灰土：面积约4178.33万亩，占全省土壤面积的17.5%，省内广泛分布，尤以黔中、黔南、黔北最为集中。本区土壤有机质含量较高，呈微碱性，砾石含量较多、土层较薄、土被多不连续。石灰土宜种性广，适于杜仲、漆树等多种药材与经济林木生长。

　　紫色土：面积约1330.06万亩，占全省土壤面积的5.6%。主要分布在黔北和黔西北紫红色砂页岩地区。

　　粗骨土：面积约1432.50万亩，占全省土壤面积的6.0%。在省内不同生物气候条件下，凡地势陡峻、环境不稳定处均可形成发育。主要分布于黔北中山峡谷、黔南低山峡谷以及黔西高原向黔中高原过渡的地区。该类土壤腐殖质层直接覆盖于母质层之上，土层厚一般20～50cm。土体中多砾石。土壤有机质与全氮含量中等，有效磷、有效钾含量偏低。

　　水稻土：面积约1881.61万亩，占全省土壤面积的7.8%。水稻土在全省各地都有分布，以黔东、黔中、黔北、黔南较为集中。水稻土pH趋于中性，土壤有机质分解较慢、积累较多。

　　（三）耕地利用现状

　　本次调查耕地类型主要包括旱地、水田、水浇地、果园、茶园、其他园地、裸地等地类，以水田、旱地为主。

旱地：土壤类型主要以黄壤为主，有 2153.87 万亩，占旱地面积的 43.75%，全省大面积分布，在威宁高原台地、赤水市盆地边缘和黔南–黔西南的硅质陆源碎屑岩分布区旱地相对少些。石灰土仅次于黄壤，有 1397.57 万亩，占旱地面积的 28.39%，主要分布在喀斯特地貌分布区，在遵义、安顺地区占比较大。棕壤占比最少，有 37.23 万亩，主要分布在贵州西部威宁、水城高原台地。

水田：土壤类型只有水稻土，约 1882.66 万亩。主要分布在黔中安顺市、贵阳市和黔北绥阳县以南区域水源相对丰富的坝区和山间坝地，而在黔东南既分布在山间坝地，亦以梯田形式分布与斜坡。

水浇地：土壤类型以黄壤为主，石灰土次之，分别有 7.27 万亩和 4.81 万亩，占比分别为 43.66% 和 28.91%；另外水稻土亦不少，约 4.10 万亩，占比约 24.61%，主要集中分布在安顺市西秀区，在龙里县、清镇市和思南县也有少量分布。

果园：土壤类型以黄壤为主，石灰土次之，分别有 53.34 万亩和 26.14 万亩，占比分别为 48.24% 和 23.64%；另外红壤亦占有一定比例，有 16.55 万亩，占比为 14.97%。果园分布较零星，主要分布在人口稠密的省会、市州的周边县区，以及特殊地质环境、气候生态的县市区和旅游业发达的区域，如在乌当区、修文县、榕江县、贞丰县、安龙县和罗甸县等县区分布相对集中。

茶园：土壤类型主要为黄壤，有 59.16 万亩，占比为 90.77%，其他土壤类型占比较少。茶园主要分布在遵义的湄潭县、凤冈县、正安县、余庆县，黔西南的普安县、晴隆县，黔南的都匀市和贵定县，黔东南的丹寨县、黎平县，铜仁地区的石阡县、印江县。

其他园地：零星分布，土壤类型以红壤为主，石灰土次之，分别有 6.92 万亩和 4.39 万亩，占比分别为 45.23% 和 28.74%；另外黄壤也占有一定量比例，有 3.57 万亩，占比 23.36%。其他园地包括花卉、苗圃等，主要分布在兴义市、望谟县、册亨县等。

裸地：以石灰土为主，黄壤次之，分别有 86.20 万亩和 57.52 万亩，占比分别为 48.57% 和 32.41%，其他土壤占比较少，都不超过 10.00%。主要分布在贵州西部与黔北的石灰岩分布区，涉及钟山区、水城区、普安县和兴义市，其他地区零星分布。

（四）耕地地质环境

贵州省耕地地质环境分为喀斯特溶蚀地貌区（K）、非喀斯特侵蚀地貌区（F）两个一级单元，喀斯特溶蚀地貌区分成黔北喀斯特亚区（K1）、大娄山喀斯特亚区（K2）、武陵山喀斯特亚区（K3）、乌蒙山喀斯特亚区（K4）、黔中–黔西南喀斯特亚区（K5）、黔南喀斯特亚区（K6）六个二级单元，非喀斯特侵蚀地貌区分成赤水丹霞地貌亚区（F1）、佛顶山变质岩亚区（F2）、雷公山变质岩亚区（F3）、黔南硅质陆源碎屑岩亚区（F4）四个二级单元（图 3）。

黔北喀斯特亚区（K1）：以中低山和低山地貌为主，地形切割较深。地层主要为下古生界碳酸盐岩和陆源碎屑岩组成。矿产资源主要为磷矿、铝土矿等。开矿引起垮塌崩塌、废石堆放和矿渣污染是影响耕地的不稳定源。

大娄山喀斯特亚区（K2）：河流较为发育，切割较深，地形陡峻。以二叠系和三叠系碳酸盐岩为主，构造变形强烈。矿产资源以煤及煤层气为主，次为硫铁矿、建筑材料。煤矿开采排放的废水和煤矸石是主要污染源。

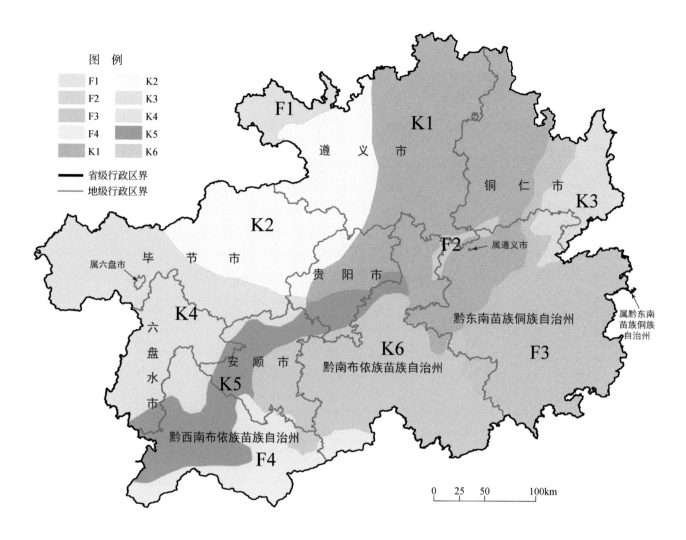

图3 贵州省耕地地质环境图

F1～F4和K1～K6含义见正文

　　武陵山喀斯特亚区（K3）：以中低山和低山地貌为主，地形切割较深。主要为下古生界碳酸盐岩和陆源碎屑岩组成。矿产资源主要为锰矿、汞矿和钒矿等。开矿引起垮塌崩塌、矿渣污染是影响耕地的不稳定源。

　　乌蒙山喀斯特亚区（K4）：海拔为1400～2900m，以中山和低中山地貌为主，植被覆盖度较低。岩性主要为上古生界和中生界碳酸盐岩与陆源碎屑岩，以及二叠系的峨眉山玄武岩。矿产资源主要是煤、铅锌矿为主。地表岩石溶蚀侵蚀作用强烈。煤矿开采排放的煤水和煤矸石是地表的主要污染源，碳酸盐岩地区开垦后水土流失严重，易石漠化。

　　黔中－黔西南喀斯特亚区（K5）：以中低山和低山喀斯特峰林峰丛地貌为主，河谷深切，峡谷发育，地形较为陡峻。主要为中生界三叠系碳酸盐岩与陆源碎屑岩组合，构造变形较强。矿产主要为煤矿、金矿，以及铝土矿和建筑用材等。矿山开发对耕地影响较大。

黔南喀斯特亚区（K6）：以中山和中低山喀斯特峰林峰丛地貌为主。主要以古生界泥盆系、石炭系、二叠系碳酸盐岩为主，构造变形相对较弱，地表岩石溶蚀侵蚀作用强烈。矿产资源以建材、萤石等非金属矿为主。矿产开发极易对耕地造成损毁。

赤水丹霞地貌亚区（F1）：海拔为350～800m，典型的红层丹霞地貌，构造变形弱，河谷地带，夏季炎热，植被覆盖度大，地表水资源丰富。矿产资源以建筑砂石类为主。

佛顶山变质岩亚区（F2）：以中低山和低山侵蚀地貌为主，构造变形较为强烈，剥蚀作用使岩层破碎。矿产资源以钒矿为主，次为建筑用材和砂石。

雷公山变质岩亚区(F3)：主要为中低山和低山区，以侵蚀地貌为主，地表水系发育，地形较为陡峻，植被覆盖度较高。主要为新元古界浅变质岩，构造变形较为强烈，岩层相对破碎。矿产资源以重晶石矿、汞矿为主。

黔南硅质陆源碎屑岩亚区（F4）：主要为低山和丘陵区，以侵蚀地貌为主，水系发育，河谷地带气候炎热潮湿，植被覆盖度中等。主要为三叠系硅质陆源碎屑岩，构造变形强烈，断层纵横交错，岩层比较破碎。矿产资源以卡林型金矿为主。

贵州省

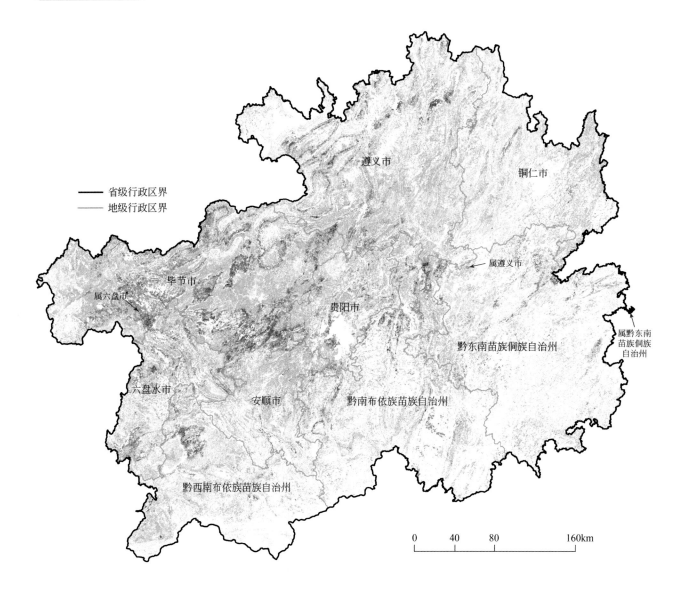

色阶	评价等级	含量/(mg/kg)	面积/万亩	占比/%
	过剩	>3.0	5.68	0.08
	特级	1.2~3.0	243.85	3.39
	一级	0.8~1.2	785.91	10.93
	二级	0.5~0.8	2568.47	35.72
	三级	0.4~0.5	1488.20	20.70
	含硒	0.2~0.4	1962.74	27.29
	低硒	≤0.2	136.21	1.89

贵州省耕地土壤硒元素地球化学等级图

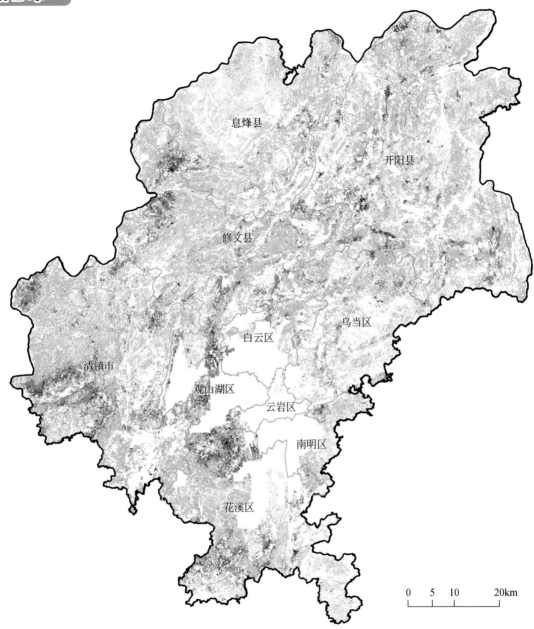

色阶	评价等级	含量/(mg/kg)	面积/万亩	占比/%
	过剩	＞3.0	0.38	0.09
	特级	1.2～3.0	12.89	3.20
	一级	0.8～1.2	52.04	12.91
	二级	0.5～0.8	199.88	49.58
	三级	0.4～0.5	78.02	19.35
	含硒	0.2～0.4	58.80	14.59
	低硒	≤0.2	1.16	0.29

贵阳市耕地土壤硒元素地球化学等级图

南明区

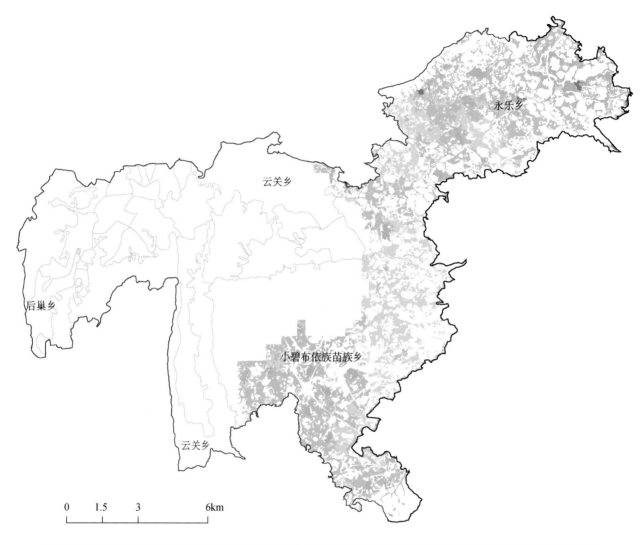

色阶	评价等级	含量/(mg/kg)	面积/万亩	占比/%
	过剩	>3.0	0	0
	特级	1.2～3.0	0	0
	一级	0.8～1.2	0.015	0.25
	二级	0.5～0.8	0.76	12.53
	三级	0.4～0.5	3.13	51.78
	含硒	0.2～0.4	2.14	35.36
	低硒	≤0.2	0.005	0.09

南明区耕地土壤硒元素地球化学等级图

云岩区

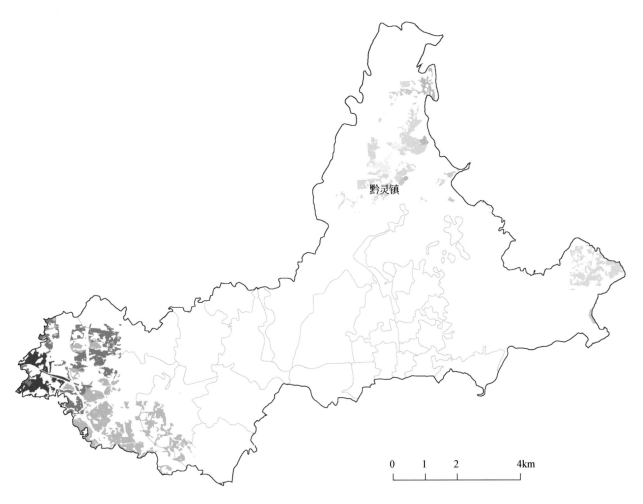

黔灵镇

0　　1　　2　　　4km

色阶	评价等级	含量/(mg/kg)	面积/万亩	占比/%
	过剩	＞3.0	0	0
	特级	1.2~3.0	0	8.16
	一级	0.8~1.2	0.22	20.12
	二级	0.5~0.8	0.38	35.08
	三级	0.4~0.5	0.03	2.96
	含硒	0.2~0.4	0.33	30.65
	低硒	≤0.2	0.03	3.02

云岩区耕地土壤硒元素地球化学等级图

花溪区

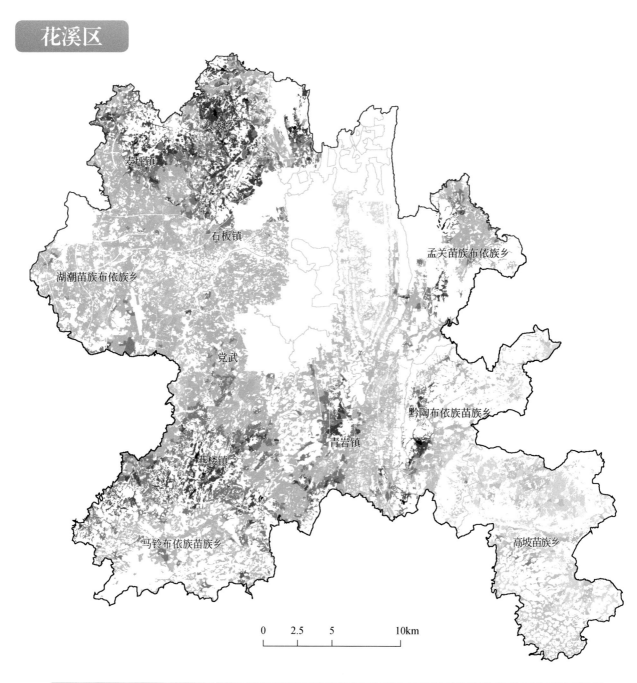

色阶	评价等级	含量/(mg/kg)	面积/万亩	占比/%
	过剩	>3.0	0.11	0.24
	特级	1.2～3.0	3.65	7.70
	一级	0.8～1.2	8.46	17.86
	二级	0.5～0.8	20.90	44.12
	三级	0.4～0.5	8.04	16.97
	含硒	0.2～0.4	6.01	12.69
	低硒	≤0.2	0.20	0.42

花溪区耕地土壤硒元素地球化学等级图

乌当区

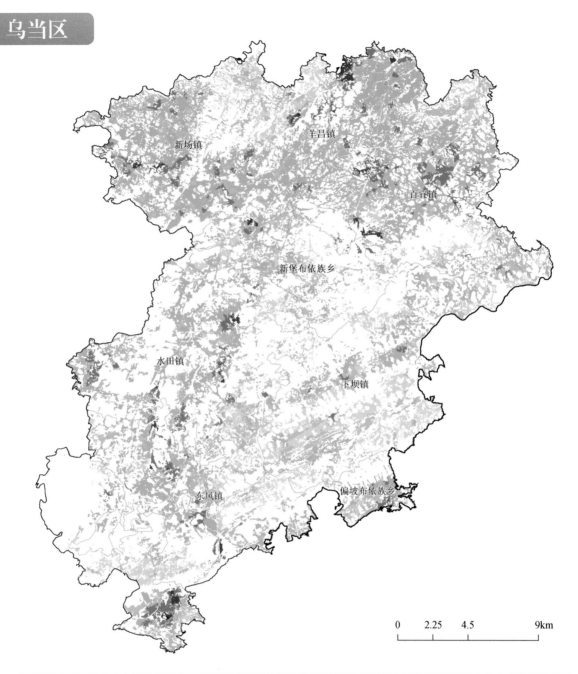

色阶	评价等级	含量/(mg/kg)	面积/万亩	占比/%
	过剩	>3.0	0	0
	特级	1.2~3.0	0.36	1.17
	一级	0.8~1.2	2.51	8.24
	二级	0.5~0.8	15.87	52.12
	三级	0.4~0.5	6.74	22.13
	含硒	0.2~0.4	4.95	16.25
	低硒	≤0.2	0.03	0.09

乌当区耕地土壤硒元素地球化学等级图

白云区

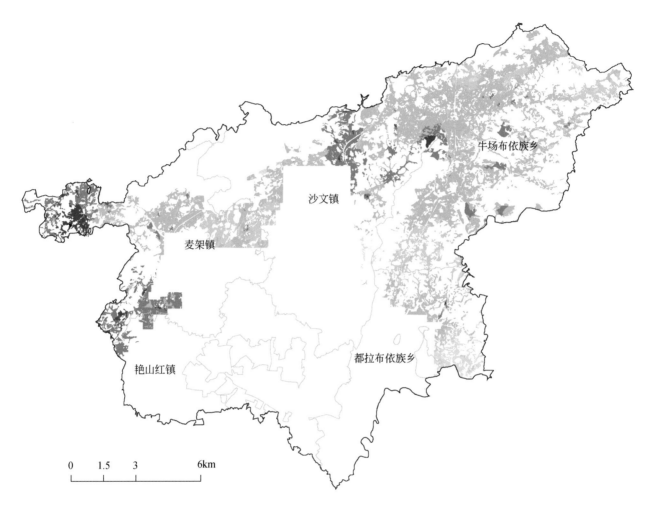

色阶	评价等级	含量/(mg/kg)	面积/万亩	占比/%
	过剩	>3.0	0.001	0.02
	特级	1.2～3.0	0.20	2.63
	一级	0.8～1.2	1.28	17.10
	二级	0.5～0.8	4.48	59.59
	三级	0.4～0.5	1.20	15.98
	含硒	0.2～0.4	0.35	4.60
	低硒	≤0.2	0.01	0.08

白云区耕地土壤硒元素地球化学等级图

观山湖区

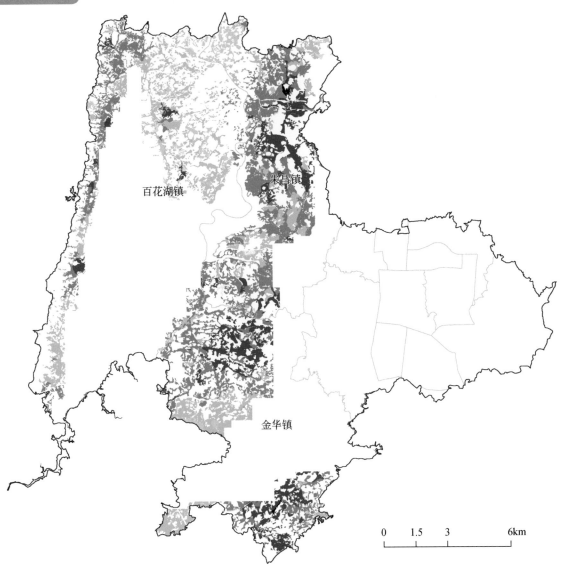

色阶	评价等级	含量/(mg/kg)	面积/万亩	占比/%
	过剩	>3.0	0.02	0.20
	特级	1.2~3.0	1.55	19.11
	一级	0.8~1.2	3.49	43.05
	二级	0.5~0.8	2.64	32.58
	三级	0.4~0.5	0.36	4.49
	含硒	0.2~0.4	0.03	0.32
	低硒	≤0.2	0.02	0.25

观山湖区耕地土壤硒元素地球化学等级图

开阳县

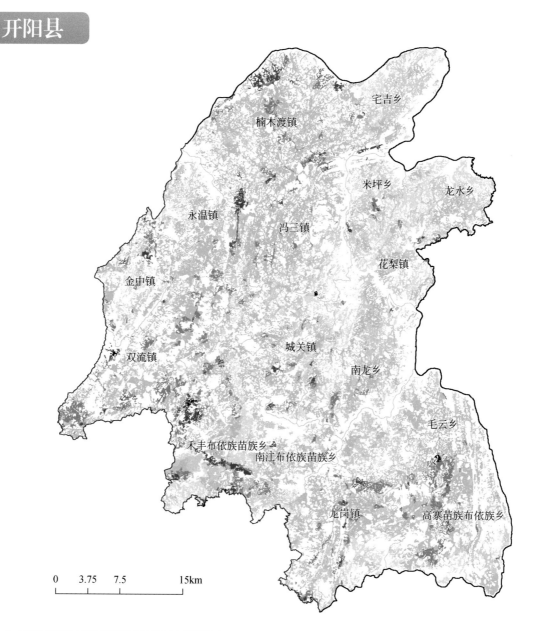

色阶	评价等级	含量/(mg/kg)	面积/万亩	占比/%
	过剩	>3.0	0.12	0.11
	特级	1.2~3.0	2.54	2.43
	一级	0.8~1.2	9.22	8.83
	二级	0.5~0.8	52.18	49.94
	三级	0.4~0.5	24.11	23.07
	含硒	0.2~0.4	16.16	15.46
	低硒	≤0.2	0.17	0.16

开阳县耕地土壤硒元素地球化学等级图

息烽县

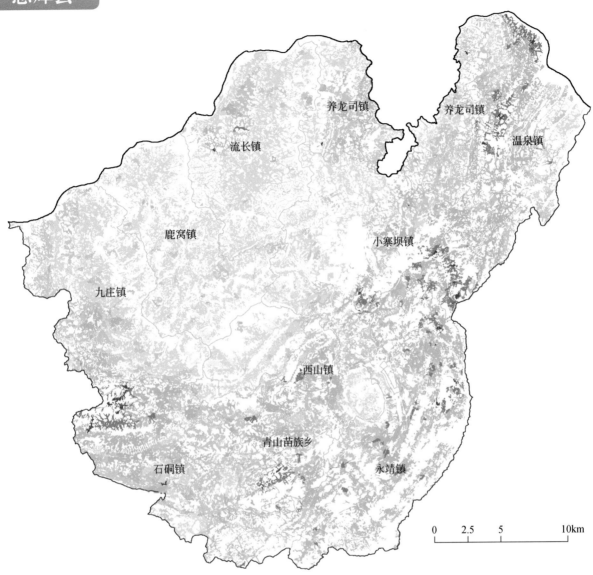

色阶	评价等级	含量/(mg/kg)	面积/万亩	占比/%
	过剩	>3.0	0	0
	特级	1.2~3.0	0.21	0.42
	一级	0.8~1.2	2.07	4.03
	二级	0.5~0.8	13.86	26.98
	三级	0.4~0.5	13.63	26.53
	含硒	0.2~0.4	21.00	40.88
	低硒	≤0.2	0.60	1.18

息烽县耕地土壤硒元素地球化学等级图

修文县

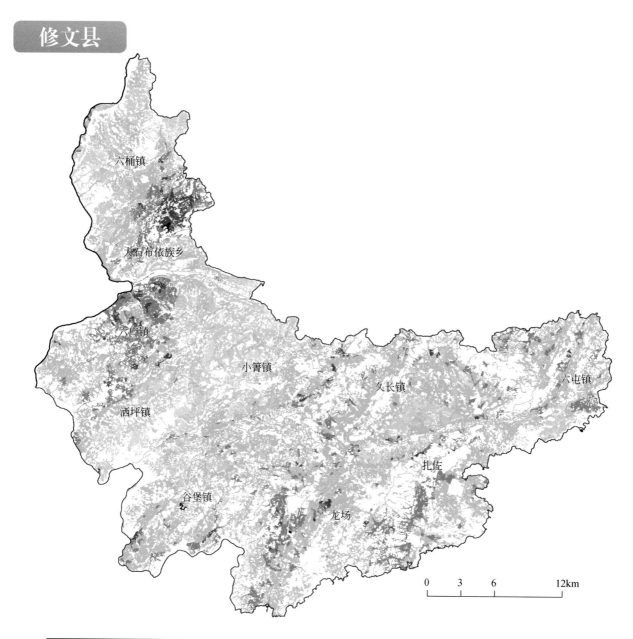

色阶	评价等级	含量/(mg/kg)	面积/万亩	占比/%
	过剩	>3.0	0.05	0.07
	特级	1.2~3.0	1.51	2.17
	一级	0.8~1.2	9.08	13.06
	二级	0.5~0.8	40.31	57.95
	三级	0.4~0.5	13.51	19.43
	含硒	0.2~0.4	5.05	7.26
	低硒	≤0.2	0.05	0.07

修文县耕地土壤硒元素地球化学等级图

清镇市

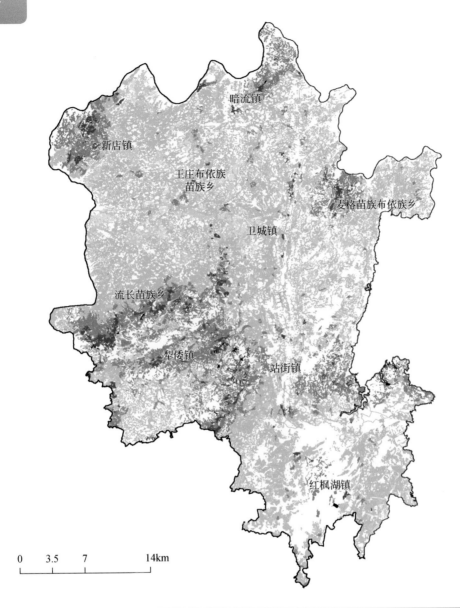

色阶	评价等级	含量/(mg/kg)	面积/万亩	占比/%
	过剩	>3.0	0.09	0.11
	特级	1.2～3.0	2.79	3.62
	一级	0.8～1.2	15.68	20.32
	二级	0.5～0.8	48.51	62.85
	三级	0.4～0.5	7.26	9.41
	含硒	0.2～0.4	2.80	3.63
	低硒	≤0.2	0.05	0.06

清镇市耕地土壤硒元素地球化学等级图

遵义市

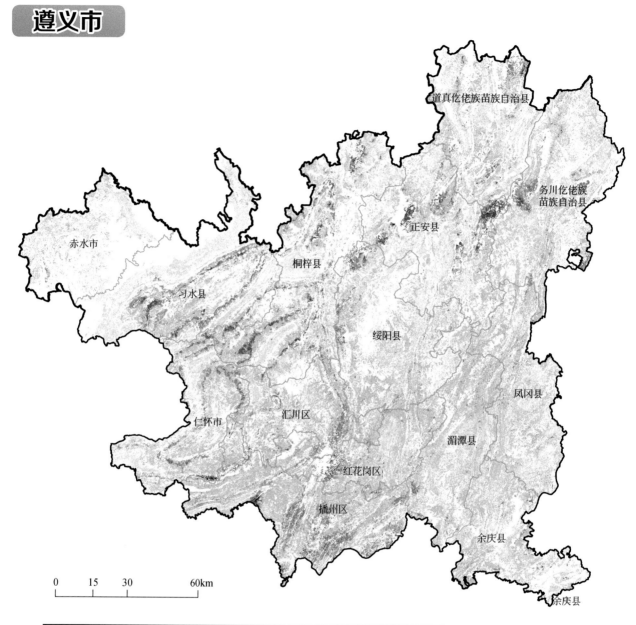

色阶	评价等级	含量/(mg/kg)	面积/万亩	占比/%
	过剩	>3.0	0.82	0.06
	特级	1.2~3.0	34.67	2.50
	一级	0.8~1.2	122.25	8.82
	二级	0.5~0.8	531.60	38.34
	三级	0.4~0.5	323.46	23.33
	含硒	0.2~0.4	361.78	26.09
	低硒	≤0.2	12.03	0.87

遵义市耕地土壤硒元素地球化学等级图

红花岗区

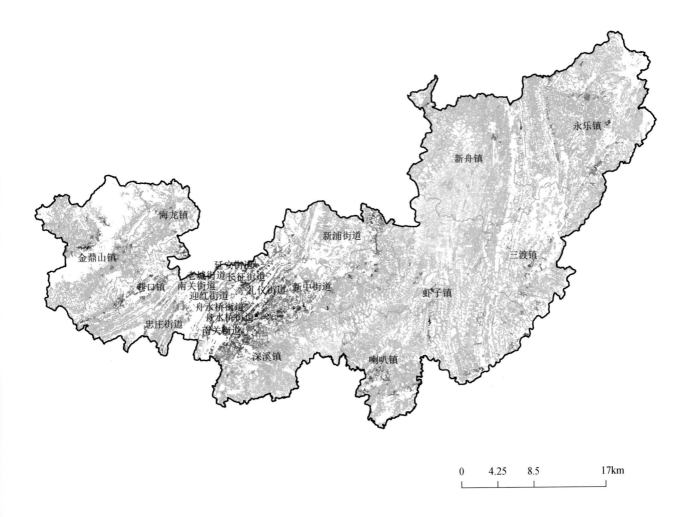

色阶	评价等级	含量/(mg/kg)	面积/万亩	占比/%
	过剩	>3.0	0.07	0.10
	特级	1.2~3.0	2.03	2.91
	一级	0.8~1.2	4.63	6.63
	二级	0.5~0.8	36.16	51.81
	三级	0.4~0.5	17.46	25.01
	含硒	0.2~0.4	9.29	13.31
	低硒	≤0.2	0.16	0.23

红花岗区耕地土壤硒元素地球化学等级图

汇川区

色阶	评价等级	含量/(mg/kg)	面积/万亩	占比/%
	过剩	＞3.0	0.04	0.06
	特级	1.2～3.0	0.99	1.55
	一级	0.8～1.2	7.18	11.30
	二级	0.5～0.8	42.67	67.17
	三级	0.4～0.5	8.25	12.98
	含硒	0.2～0.4	4.37	6.88
	低硒	≤0.2	0.04	0.06

汇川区耕地土壤硒元素地球化学等级图

播州区

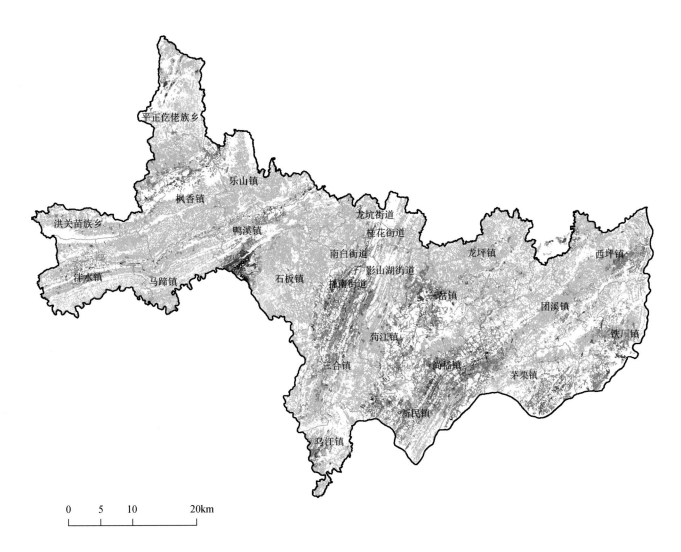

0   5   10   20km

色阶	评价等级	含量/(mg/kg)	面积/万亩	占比/%
	过剩	>3.0	0.33	0.18
	特级	1.2～3.0	5.33	2.90
	一级	0.8～1.2	34.20	18.63
	二级	0.5～0.8	114.21	62.21
	三级	0.4～0.5	2.68	1.46
	含硒	0.2～0.4	26.74	14.57
	低硒	≤0.2	0.09	0.05

播州区耕地土壤硒元素地球化学等级图

桐梓县

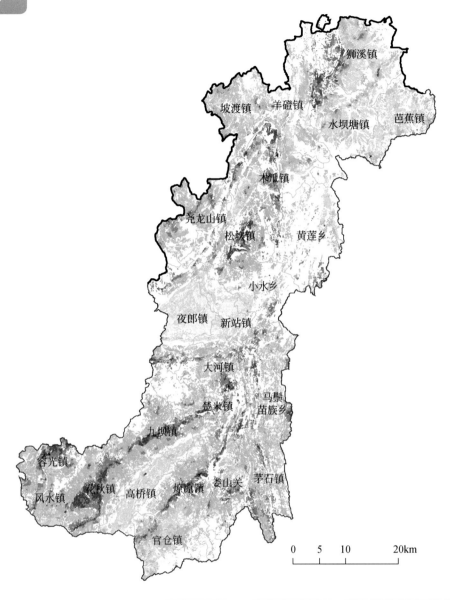

色阶	评价等级	含量/(mg/kg)	面积/万亩	占比/%
	过剩	>3.0	0.06	0.04
	特级	1.2～3.0	6.71	4.50
	一级	0.8～1.2	18.86	12.64
	二级	0.5～0.8	50.51	33.86
	三级	0.4～0.5	29.72	19.92
	含硒	0.2～0.4	39.55	26.51
	低硒	≤0.2	3.77	2.53

桐梓县耕地土壤硒元素地球化学等级图

绥阳县

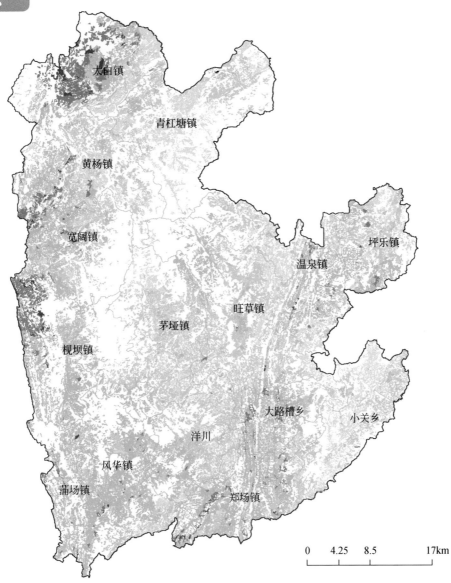

色阶	评价等级	含量/(mg/kg)	面积/万亩	占比/%
	过剩	＞3.0	0.01	0.01
	特级	1.2～3.0	0.86	0.79
	一级	0.8～1.2	6.49	5.93
	二级	0.5～0.8	42.77	39.09
	三级	0.4～0.5	36.23	33.11
	含硒	0.2～0.4	22.92	20.95
	低硒	≤0.2	0.14	0.13

绥阳县耕地土壤硒元素地球化学等级图

正安县

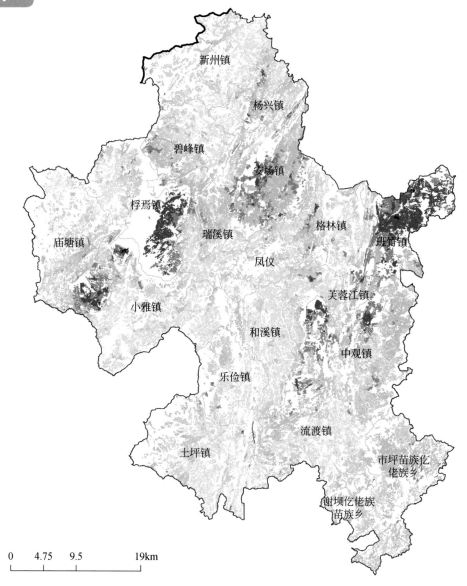

0   4.75   9.5   19km

色阶	评价等级	含量/(mg/kg)	面积/万亩	占比/%
	过剩	＞3.0	0.08	0.07
	特级	1.2～3.0	7.32	6.33
	一级	0.8～1.2	9.38	8.11
	二级	0.5～0.8	28.70	24.82
	三级	0.4～0.5	27.43	23.73
	含硒	0.2～0.4	42.15	36.46
	低硒	≤0.2	0.54	0.46

正安县耕地土壤硒元素地球化学等级图

道真仡佬族苗族自治县

色阶	评价等级	含量/(mg/kg)	面积/万亩	占比/%
	过剩	>3.0	0.01	0.01
	特级	1.2～3.0	1.32	1.62
	一级	0.8～1.2	5.23	6.44
	二级	0.5～0.8	20.87	25.67
	三级	0.4～0.5	21.61	26.57
	含硒	0.2～0.4	31.44	38.67
	低硒	≤0.2	0.83	1.03

道真仡佬族苗族自治县耕地土壤硒元素地球化学等级图

务川仡佬族苗族自治县

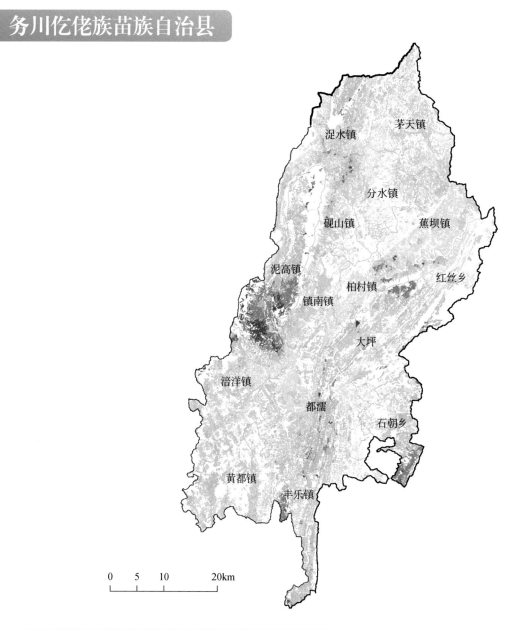

色阶	评价等级	含量/(mg/kg)	面积/万亩	占比/%
	过剩	＞3.0	0	0
	特级	1.2～3.0	1.78	1.52
	一级	0.8～1.2	6.69	5.70
	二级	0.5～0.8	24.59	20.96
	三级	0.4～0.5	44.88	38.26
	含硒	0.2～0.4	39.03	33.27
	低硒	≤0.2	0.33	0.29

务川仡佬族苗族自治县耕地土壤硒元素地球化学等级图

凤冈县

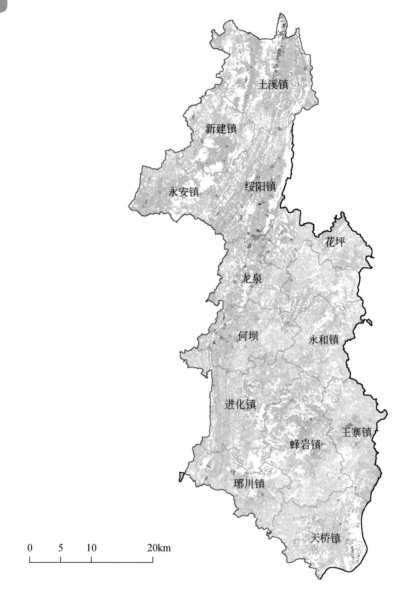

色阶	评价等级	含量/(mg/kg)	面积/万亩	占比/%
	过剩	>3.0	0	0
	特级	1.2～3.0	0.10	0.11
	一级	0.8～1.2	1.49	1.62
	二级	0.5～0.8	32.76	35.51
	三级	0.4～0.5	32.69	35.43
	含硒	0.2～0.4	24.80	26.88
	低硒	≤0.2	0.42	0.46

凤冈县耕地土壤硒元素地球化学等级图

湄潭县

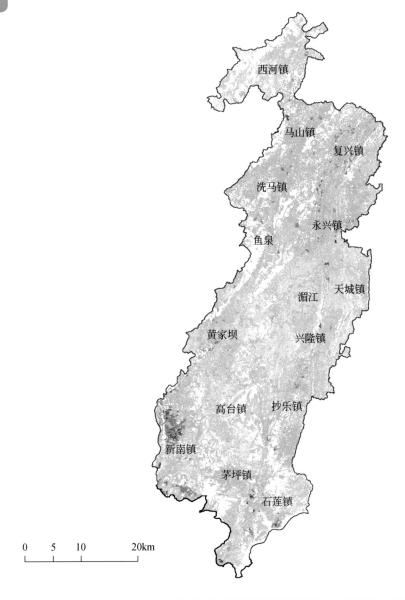

色阶	评价等级	含量/(mg/kg)	面积/万亩	占比/%
	过剩	>3.0	0	0
	特级	1.2～3.0	0.58	0.57
	一级	0.8～1.2	2.47	2.44
	二级	0.5～0.8	39.87	39.37
	三级	0.4～0.5	36.00	35.55
	含硒	0.2～0.4	21.91	21.64
	低硒	≤0.2	0.43	0.43

湄潭县耕地土壤硒元素地球化学等级图

余庆县

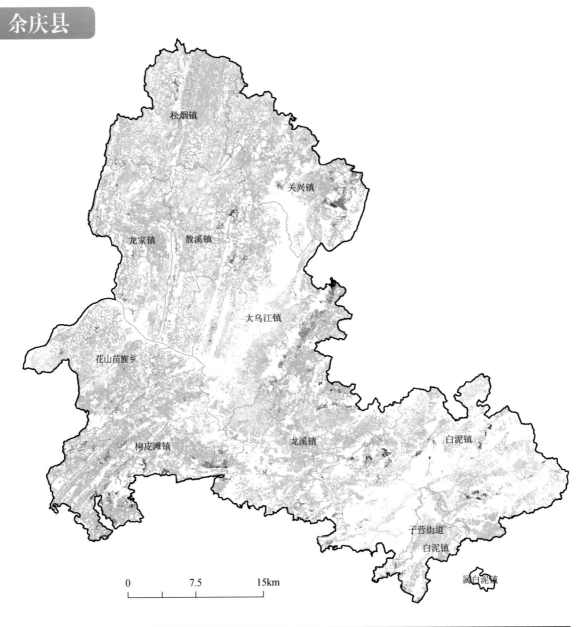

色阶	评价等级	含量/(mg/kg)	面积/万亩	占比/%
	过剩	>3.0	0	0
	特级	1.2~3.0	0.47	0.62
	一级	0.8~1.2	2.07	2.75
	二级	0.5~0.8	26.30	35.00
	三级	0.4~0.5	27.94	37.18
	含硒	0.2~0.4	18.02	23.98
	低硒	≤0.2	0.35	0.47

余庆县耕地土壤硒元素地球化学等级图

习水县

色阶	评价等级	含量/(mg/kg)	面积/万亩	占比/%
	过剩	>3.0	0.06	0.05
	特级	1.2~3.0	4.55	3.74
	一级	0.8~1.2	14.65	12.05
	二级	0.5~0.8	32.45	26.70
	三级	0.4~0.5	16.03	13.19
	含硒	0.2~0.4	49.79	40.97
	低硒	≤0.2	4.02	3.30

习水县耕地土壤硒元素地球化学等级图

赤水市

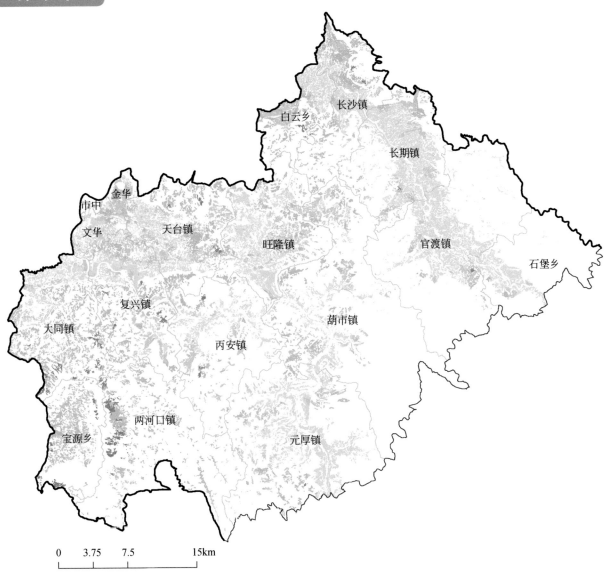

色阶	评价等级	含量/(mg/kg)	面积/万亩	占比/%
	过剩	>3.0	0	0
	特级	1.2～3.0	0	0
	一级	0.8～1.2	0.71	1.94
	二级	0.5～0.8	8.50	23.20
	三级	0.4～0.5	8.31	22.68
	含硒	0.2～0.4	18.82	51.35
	低硒	≤0.2	0.31	0.84

赤水市耕地土壤硒元素地球化学等级图

仁怀市

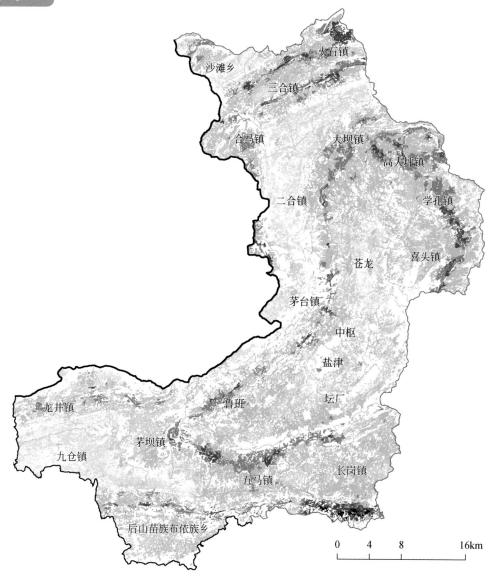

色阶	评价等级	含量/(mg/kg)	面积/万亩	占比/%
	过剩	>3.0	0.16	0.22
	特级	1.2~3.0	2.63	3.75
	一级	0.8~1.2	8.20	11.71
	二级	0.5~0.8	31.24	44.63
	三级	0.4~0.5	14.24	20.35
	含硒	0.2~0.4	12.94	18.49
	低硒	≤0.2	0.59	0.85

仁怀市耕地土壤硒元素地球化学等级图

六盘水市

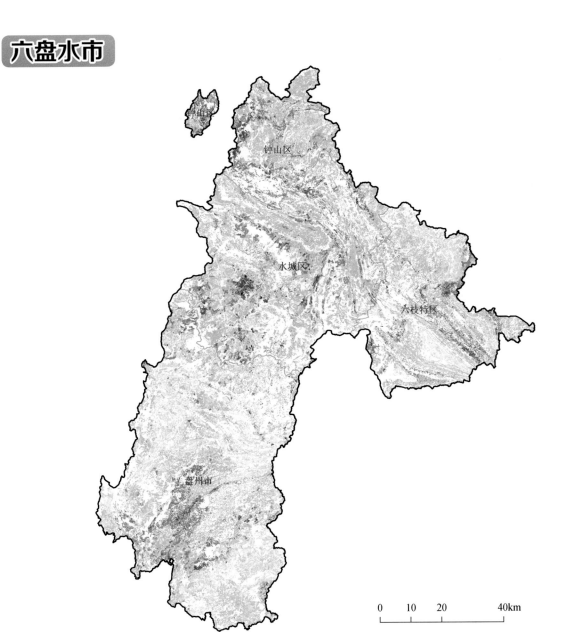

色阶	评价等级	含量/(mg/kg)	面积/万亩	占比/%
	过剩	>3.0	0.26	0.05
	特级	1.2~3.0	16.21	3.29
	一级	0.8~1.2	65.62	13.31
	二级	0.5~0.8	216.97	44.02
	三级	0.4~0.5	71.11	14.43
	含硒	0.2~0.4	103.91	21.08
	低硒	≤0.2	18.82	3.82

六盘水市耕地土壤硒元素地球化学等级图

钟山区

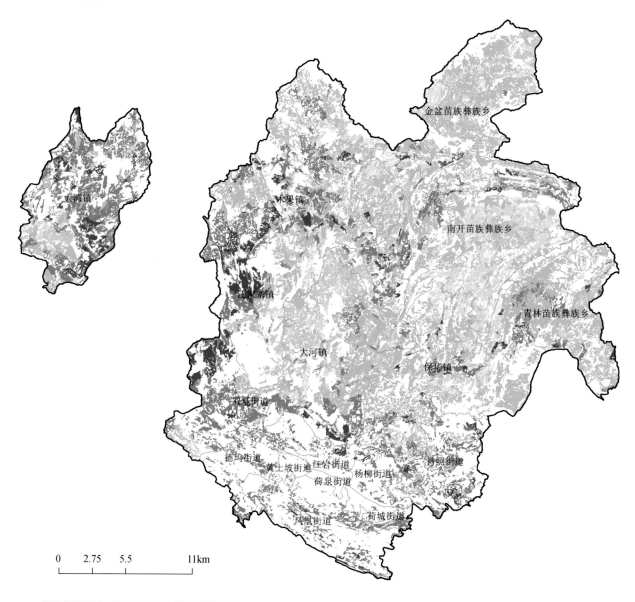

色阶	评价等级	含量/(mg/kg)	面积/万亩	占比/%
	过剩	>3.0	0	0
	特级	1.2～3.0	3.84	6.24
	一级	0.8～1.2	16.97	27.60
	二级	0.5～0.8	28.60	46.51
	三级	0.4～0.5	5.00	8.13
	含硒	0.2～0.4	6.71	10.91
	低硒	≤0.2	0.37	0.60

钟山区耕地土壤硒元素地球化学等级图

六枝特区

色阶	评价等级	含量/(mg/kg)	面积/万亩	占比/%
	过剩	>3.0	0.02	0.02
	特级	1.2~3.0	2.67	2.72
	一级	0.8~1.2	12.18	12.42
	二级	0.5~0.8	38.92	39.68
	三级	0.4~0.5	18.59	18.95
	含硒	0.2~0.4	22.82	23.26
	低硒	≤0.2	2.89	2.95

六枝特区耕地土壤硒元素地球化学等级图

水城区

色阶	评价等级	含量/(mg/kg)	面积/万亩	占比/%
	过剩	＞3.0	0.23	0.16
	特级	1.2～3.0	6.25	4.36
	一级	0.8～1.2	16.23	11.31
	二级	0.5～0.8	95.10	66.30
	三级	0.4～0.5	10.69	7.45
	含硒	0.2～0.4	12.67	8.83
	低硒	≤0.2	2.27	1.58

水城区耕地土壤硒元素地球化学等级图

盘州市

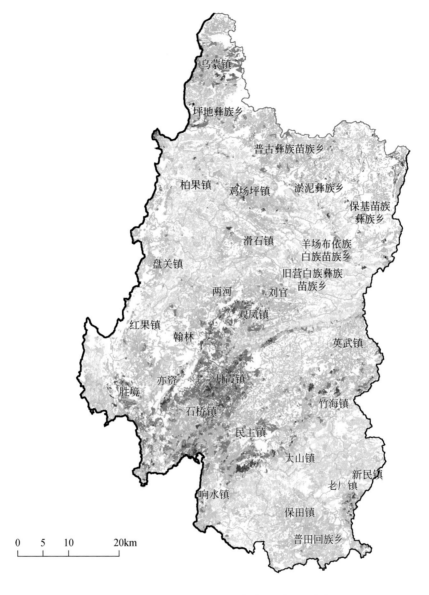

色阶	评价等级	含量/(mg/kg)	面积/万亩	占比/%
	过剩	>3.0	0.02	0.01
	特级	1.2~3.0	3.45	1.82
	一级	0.8~1.2	20.25	10.66
	二级	0.5~0.8	54.34	28.62
	三级	0.4~0.5	36.83	19.39
	含硒	0.2~0.4	61.72	32.50
	低硒	≤0.2	13.29	7.00

盘州市耕地土壤硒元素地球化学等级图

安顺市

色阶	评价等级	含量/(mg/kg)	面积/万亩	占比/%
	过剩	>3.0	0.15	0.03
	特级	1.2~3.0	6.94	1.56
	一级	0.8~1.2	31.37	7.03
	二级	0.5~0.8	194.58	43.61
	三级	0.4~0.5	108.45	24.31
	含硒	0.2~0.4	101.99	22.86
	低硒	≤0.2	2.67	0.60

安顺市耕地土壤硒元素地球化学等级图

西秀区

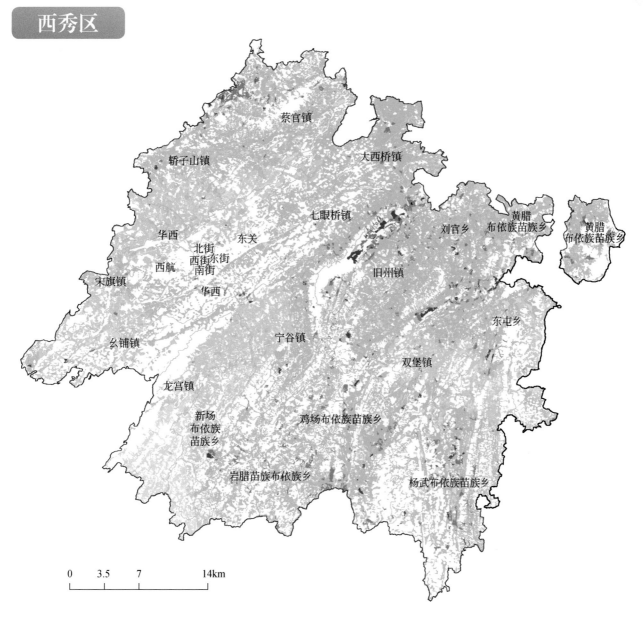

0   3.5   7   14km

色阶	评价等级	含量/(mg/kg)	面积/万亩	占比/%
	过剩	>3.0	0	0
	特级	1.2～3.0	0.91	0.84
	一级	0.8～1.2	3.63	3.33
	二级	0.5～0.8	66.16	60.84
	三级	0.4～0.5	26.54	24.41
	含硒	0.2～0.4	11.16	10.27
	低硒	≤0.2	0.34	0.31

西秀区耕地土壤硒元素地球化学等级图

平坝区

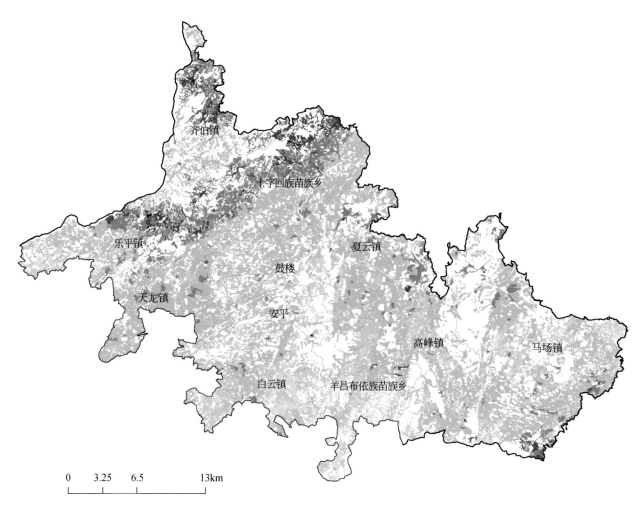

色阶	评价等级	含量/(mg/kg)	面积/万亩	占比/%
	过剩	>3.0	0.03	0.06
	特级	1.2~3.0	1.81	2.96
	一级	0.8~1.2	7.35	12.00
	二级	0.5~0.8	36.77	60.08
	三级	0.4~0.5	10.75	17.56
	含硒	0.2~0.4	4.45	7.27
	低硒	≤0.2	0.05	0.08

平坝区耕地土壤硒元素地球化学等级图

普定县

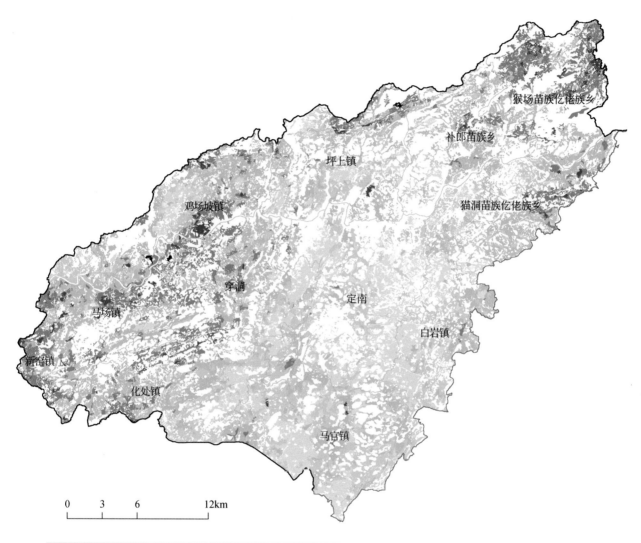

色阶	评价等级	含量/(mg/kg)	面积/万亩	占比/%
	过剩	＞3.0	0.04	0.06
	特级	1.2～3.0	1.00	1.64
	一级	0.8～1.2	8.26	13.55
	二级	0.5～0.8	21.24	34.85
	三级	0.4～0.5	15.20	24.93
	含硒	0.2～0.4	14.91	24.46
	低硒	≤0.2	0.32	0.52

普定县耕地土壤硒元素地球化学等级图

镇宁布依族苗族自治县

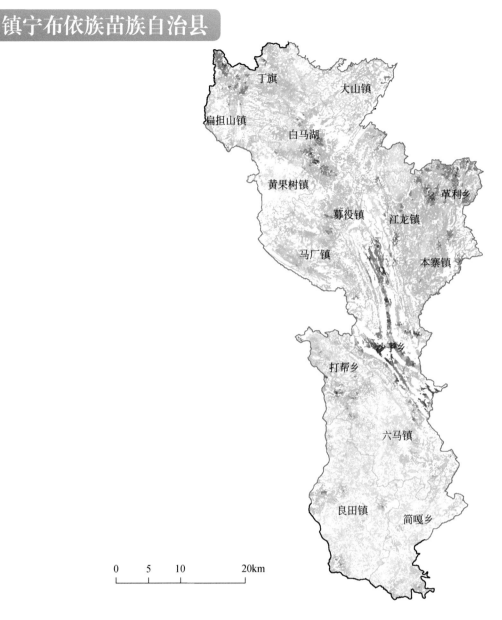

色阶	评价等级	含量/(mg/kg)	面积/万亩	占比/%
	过剩	>3.0	0	0
	特级	1.2～3.0	0.94	1.16
	一级	0.8～1.2	5.30	6.56
	二级	0.5～0.8	25.94	32.09
	三级	0.4～0.5	19.35	23.94
	含硒	0.2～0.4	28.63	35.42
	低硒	≤0.2	0.67	0.83

镇宁布依族苗族自治县耕地土壤硒元素地球化学等级图

关岭布依族苗族自治县

0   3.25   6.5   13km

色阶	评价等级	含量/(mg/kg)	面积/万亩	占比/%
	过剩	>3.0	0	0
	特级	1.2~3.0	0.15	0.28
	一级	0.8~1.2	1.08	1.98
	二级	0.5~0.8	15.56	28.53
	三级	0.4~0.5	20.05	36.76
	含硒	0.2~0.4	17.06	31.28
	低硒	≤0.2	0.64	1.17

关岭布依族苗族自治县耕地土壤硒元素地球化学等级图

紫云布依族苗族自治县

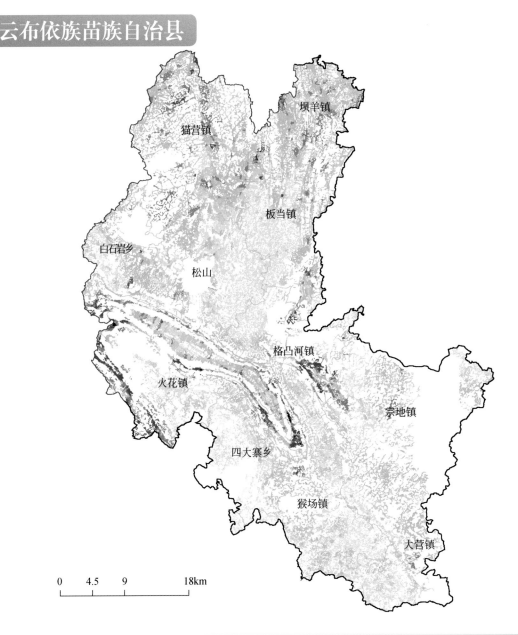

色阶	评价等级	含量/(mg/kg)	面积/万亩	占比/%
	过剩	>3.0	0.08	0.10
	特级	1.2～3.0	2.13	2.67
	一级	0.8～1.2	5.76	7.21
	二级	0.5～0.8	28.90	36.18
	三级	0.4～0.5	16.57	20.74
	含硒	0.2～0.4	25.77	32.27
	低硒	≤0.2	0.66	0.83

紫云布依族苗族自治县耕地土壤硒元素地球化学等级图

毕节市

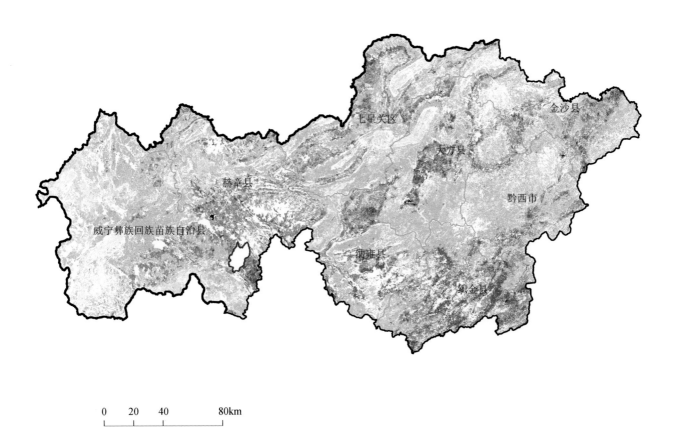

色阶	评价等级	含量/(mg/kg)	面积/万亩	占比/%
	过剩	>3.0	1.44	0.09
	特级	1.2～3.0	117.85	7.54
	一级	0.8～1.2	360.65	23.08
	二级	0.5～0.8	660.37	42.26
	三级	0.4～0.5	209.57	13.41
	含硒	0.2～0.4	177.03	11.33
	低硒	≤0.2	35.87	2.30

毕节市耕地土壤硒元素地球化学等级图

七星关区

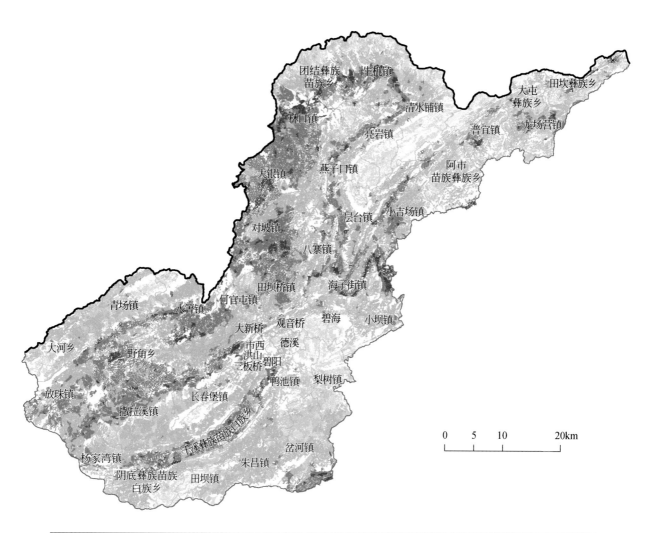

色阶	评价等级	含量/(mg/kg)	面积/万亩	占比/%
	过剩	>3.0	0	0
	特级	1.2～3.0	7.70	3.82
	一级	0.8～1.2	46.38	23.02
	二级	0.5～0.8	91.66	45.49
	三级	0.4～0.5	31.28	15.52
	含硒	0.2～0.4	22.15	10.99
	低硒	≤0.2	2.32	1.15

七星关区耕地土壤硒元素地球化学等级图

大方县

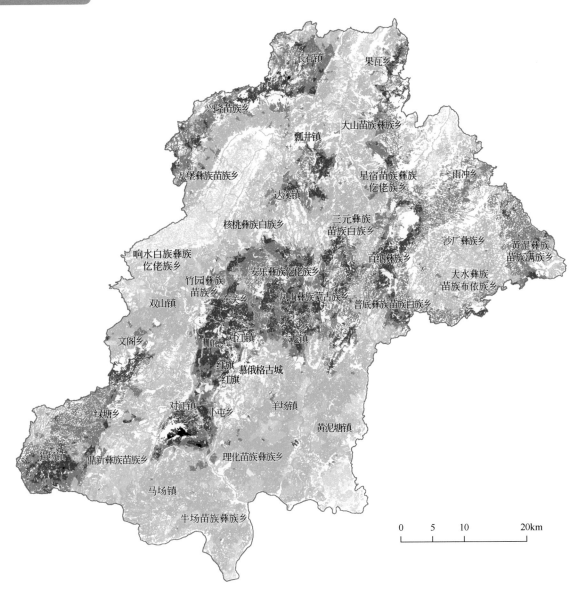

色阶	评价等级	含量/(mg/kg)	面积/万亩	占比/%
	过剩	>3.0	0.19	0.10
	特级	1.2~3.0	19.93	10.57
	一级	0.8~1.2	41.87	22.21
	二级	0.5~0.8	77.48	41.10
	三级	0.4~0.5	31.38	16.64
	含硒	0.2~0.4	16.79	8.91
	低硒	≤0.2	0.88	0.47

大方县耕地土壤硒元素地球化学等级图

黔西市

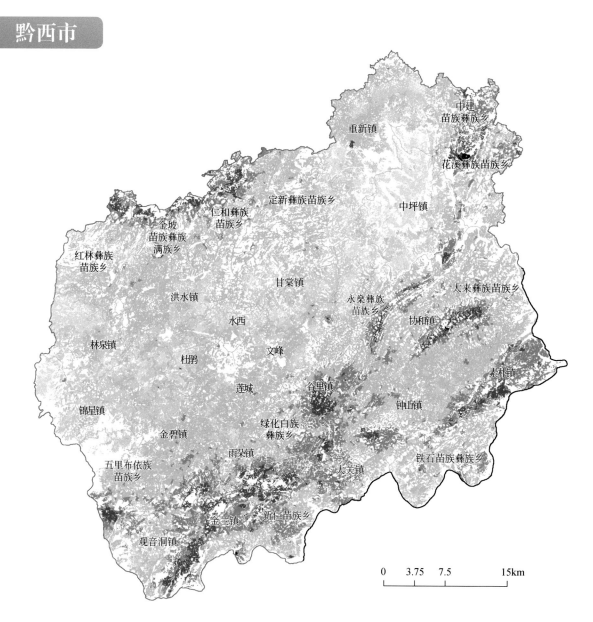

色阶	评价等级	含量/(mg/kg)	面积/万亩	占比/%
	过剩	>3.0	0.10	0.07
	特级	1.2～3.0	6.00	4.11
	一级	0.8～1.2	20.82	14.29
	二级	0.5～0.8	72.82	49.98
	三级	0.4～0.5	30.94	21.24
	含硒	0.2～0.4	14.83	10.18
	低硒	≤0.2	0.20	0.14

黔西市耕地土壤硒元素地球化学等级图

金沙县

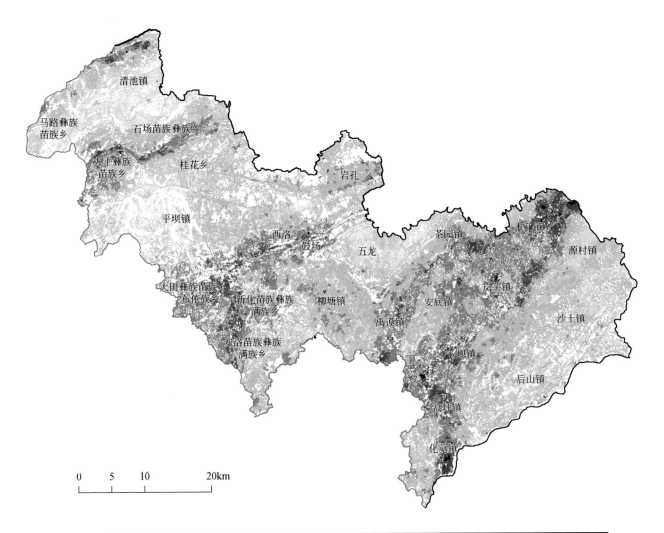

色阶	评价等级	含量/(mg/kg)	面积/万亩	占比/%
	过剩	>3.0	0.24	0.19
	特级	1.2～3.0	9.35	7.14
	一级	0.8～1.2	29.94	22.85
	二级	0.5～0.8	62.08	47.37
	三级	0.4～0.5	17.35	13.24
	含硒	0.2～0.4	11.35	8.66
	低硒	≤0.2	0.73	0.55

金沙县耕地土壤硒元素地球化学等级图

织金县

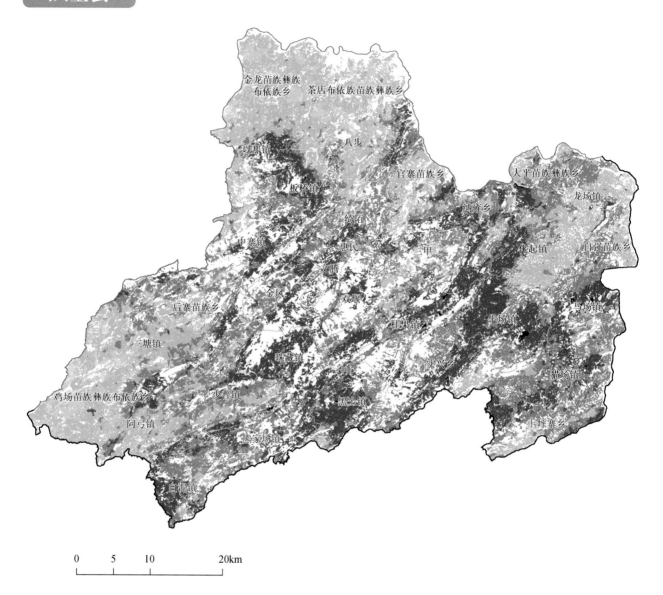

色阶	评价等级	含量/(mg/kg)	面积/万亩	占比/%
	过剩	＞3.0	0.31	0.15
	特级	1.2～3.0	51.38	25.72
	一级	0.8～1.2	69.43	34.75
	二级	0.5～0.8	65.01	32.54
	三级	0.4～0.5	11.10	5.55
	含硒	0.2～0.4	2.47	1.24
	低硒	≤0.2	0.08	0.04

织金县耕地土壤硒元素地球化学等级图

纳雍县

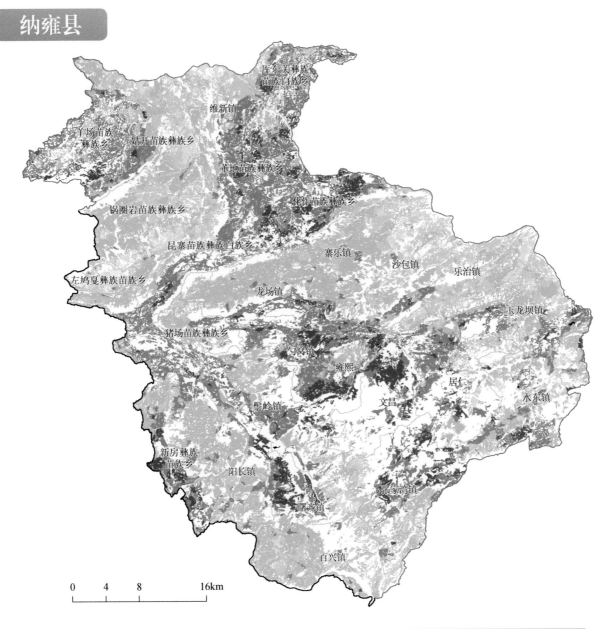

色阶	评价等级	含量/(mg/kg)	面积/万亩	占比/%
	过剩	>3.0	0.09	0.05
	特级	1.2～3.0	13.72	8.23
	一级	0.8～1.2	47.70	28.63
	二级	0.5～0.8	67.67	40.61
	三级	0.4～0.5	26.46	15.88
	含硒	0.2～0.4	10.55	6.33
	低硒	≤0.2	0.43	0.26

纳雍县耕地土壤硒元素地球化学等级图

威宁彝族回族苗族自治县

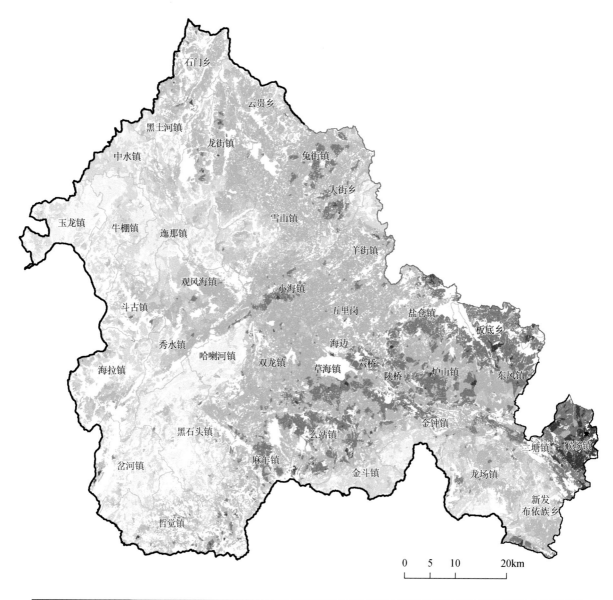

色阶	评价等级	含量/(mg/kg)	面积/万亩	占比/%
	过剩	>3.0	0.06	0.02
	特级	1.2~3.0	4.98	1.32
	一级	0.8~1.2	47.56	12.61
	二级	0.5~0.8	159.47	42.27
	三级	0.4~0.5	48.91	12.96
	含硒	0.2~0.4	86.10	22.82
	低硒	≤0.2	30.21	8.01

威宁彝族回族苗族自治县耕地土壤硒元素地球化学等级图

赫章县

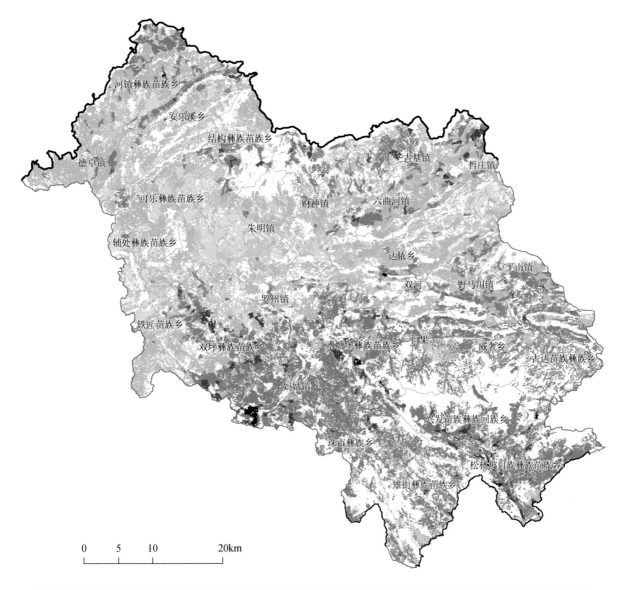

色阶	评价等级	含量/(mg/kg)	面积/万亩	占比/%
	过剩	＞3.0	0.44	0.29
	特级	1.2～3.0	4.79	3.14
	一级	0.8～1.2	56.95	37.39
	二级	0.5～0.8	64.17	42.13
	三级	0.4～0.5	12.15	7.98
	含硒	0.2～0.4	12.79	8.40
	低硒	≤0.2	1.01	0.67

赫章县耕地土壤硒元素地球化学等级图

铜仁市耕地土壤硒元素地球化学等级图

色阶	评价等级	含量/(mg/kg)	面积/万亩	占比/%
	过剩	>3.0	0.42	0.06
	特级	1.2～3.0	2.88	0.38
	一级	0.8～1.2	12.14	1.60
	二级	0.5～0.8	161.41	21.30
	三级	0.4～0.5	202.63	26.74
	含硒	0.2～0.4	362.58	47.85
	低硒	≤0.2	15.70	2.07

碧江区

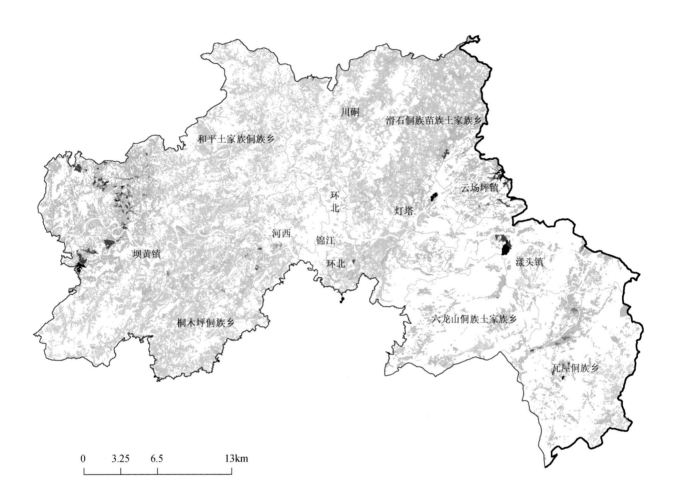

0   3.25   6.5   13km

色阶	评价等级	含量/(mg/kg)	面积/万亩	占比/%
	过剩	>3.0	0.15	0.43
	特级	1.2～3.0	0.39	1.12
	一级	0.8～1.2	0.31	0.88
	二级	0.5～0.8	9.34	26.95
	三级	0.4～0.5	19.50	56.27
	含硒	0.2～0.4	4.85	14.01
	低硒	≤0.2	0.12	0.35

碧江区耕地土壤硒元素地球化学等级图

万山区

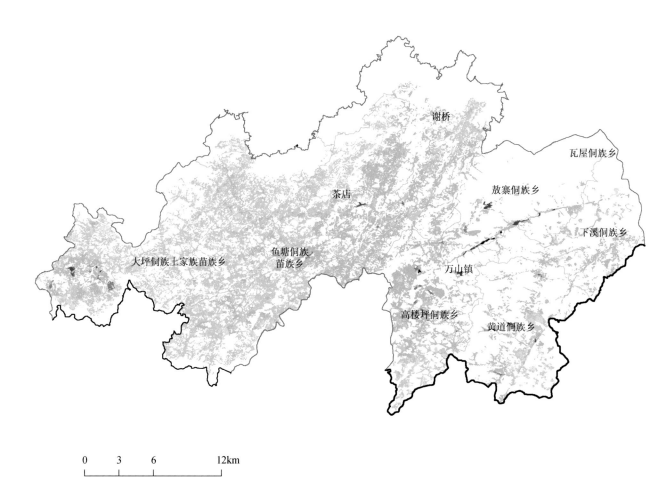

色阶	评价等级	含量/(mg/kg)	面积/万亩	占比/%
	过剩	＞3.0	0.03	0.09
	特级	1.2～3.0	0.16	0.54
	一级	0.8～1.2	0.14	0.48
	二级	0.5～0.8	11.56	40.39
	三级	0.4～0.5	13.90	48.56
	含硒	0.2～0.4	2.81	9.81
	低硒	≤0.2	0.04	0.13

万山区耕地土壤硒元素地球化学等级图

江口县

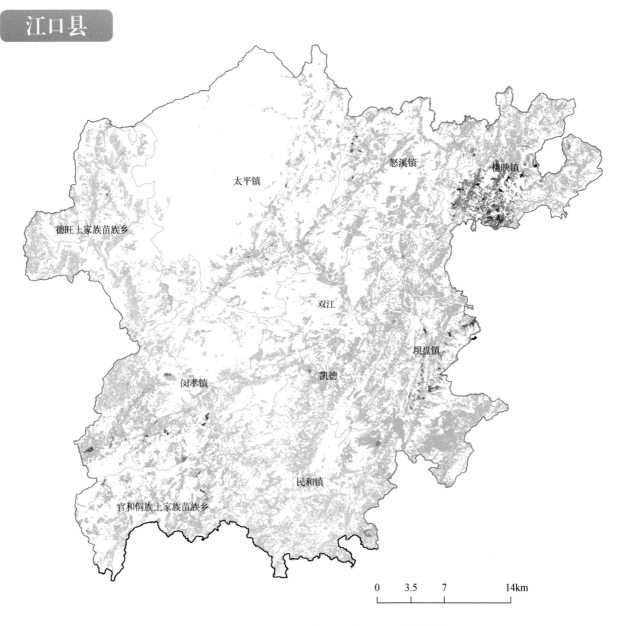

色阶	评价等级	含量/(mg/kg)	面积/万亩	占比/%
	过剩	>3.0	0.06	0.14
	特级	1.2～3.0	0.34	0.76
	一级	0.8～1.2	1.30	2.91
	二级	0.5～0.8	23.70	53.14
	三级	0.4～0.5	14.86	33.32
	含硒	0.2～0.4	3.97	8.89
	低硒	≤0.2	0.37	0.84

江口县耕地土壤硒元素地球化学等级图

玉屏侗族自治县

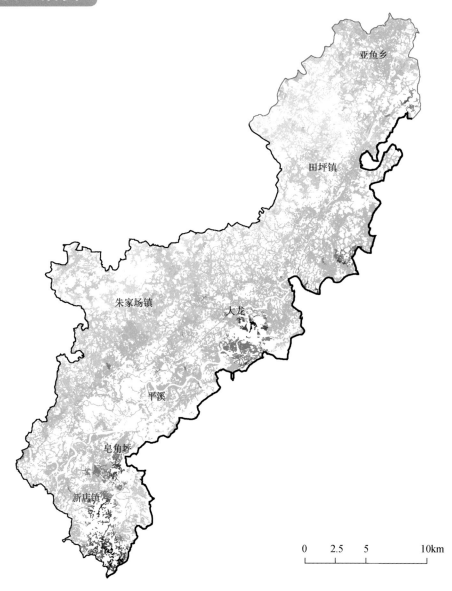

色阶	评价等级	含量/(mg/kg)	面积/万亩	占比/%
	过剩	＞3.0	0.06	0.26
	特级	1.2～3.0	0.31	1.34
	一级	0.8～1.2	0.78	3.40
	二级	0.5～0.8	10.34	44.81
	三级	0.4～0.5	7.90	34.24
	含硒	0.2～0.4	3.64	15.79
	低硒	≤0.2	0.03	0.15

玉屏侗族自治县耕地土壤硒元素地球化学等级图

石阡县

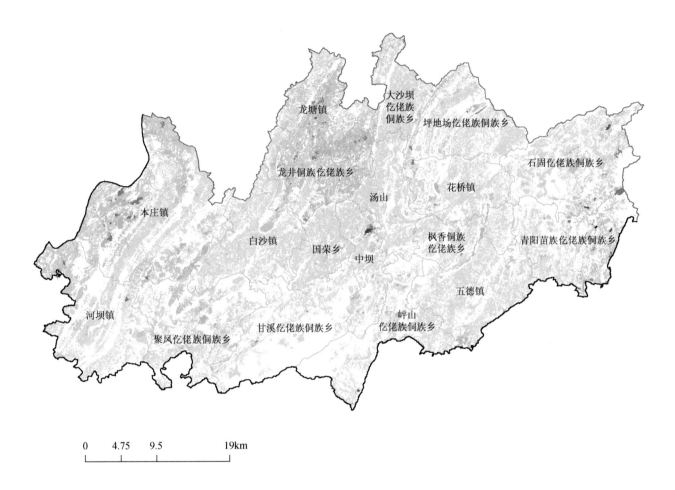

色阶	评价等级	含量/(mg/kg)	面积/万亩	占比/%
	过剩	>3.0	0	0
	特级	1.2～3.0	0.13	0.14
	一级	0.8～1.2	0.85	0.95
	二级	0.5～0.8	5.39	6.00
	三级	0.4～0.5	17.50	19.48
	含硒	0.2～0.4	63.91	71.14
	低硒	≤0.2	2.05	2.28

石阡县耕地土壤硒元素地球化学等级图

思南县

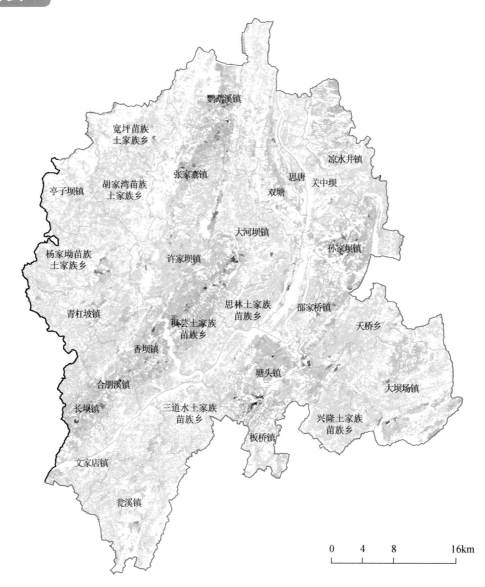

色阶	评价等级	含量/(mg/kg)	面积/万亩	占比/%
	过剩	>3.0	0.02	0.02
	特级	1.2～3.0	0.26	0.22
	一级	0.8～1.2	0.87	0.76
	二级	0.5～0.8	11.23	9.75
	三级	0.4～0.5	22.94	19.92
	含硒	0.2～0.4	77.42	67.24
	低硒	≤0.2	2.41	2.09

思南县耕地土壤硒元素地球化学等级图

印江土家族苗族自治县

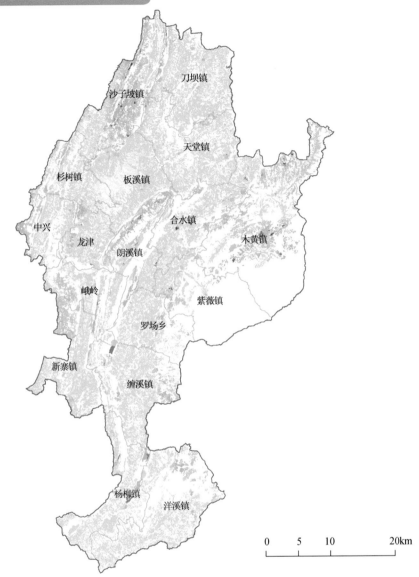

色阶	评价等级	含量/(mg/kg)	面积/万亩	占比/%
	过剩	>3.0	0	0
	特级	1.2～3.0	0.11	0.14
	一级	0.8～1.2	0.44	0.54
	二级	0.5～0.8	5.16	6.44
	三级	0.4～0.5	9.51	11.87
	含硒	0.2～0.4	58.69	73.28
	低硒	≤0.2	6.18	7.72

印江土家族苗族自治县耕地土壤硒元素地球化学等级图

德江县

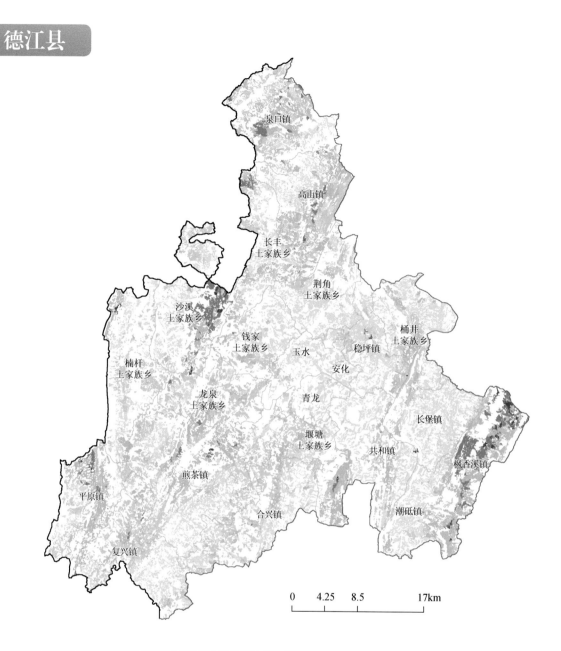

色阶	评价等级	含量/(mg/kg)	面积/万亩	占比/%
	过剩	>3.0	0	0
	特级	1.2~3.0	0.45	0.41
	一级	0.8~1.2	4.23	3.89
	二级	0.5~0.8	22.77	20.92
	三级	0.4~0.5	32.69	30.04
	含硒	0.2~0.4	47.87	43.99
	低硒	≤0.2	0.82	0.76

德江县耕地土壤硒元素地球化学等级图

沿河土家族自治县

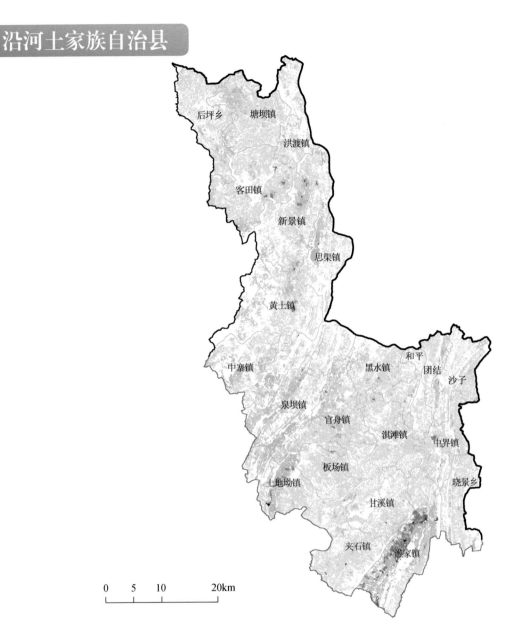

色阶	评价等级	含量/(mg/kg)	面积/万亩	占比/%
	过剩	>3.0	0.04	0.03
	特级	1.2～3.0	0.30	0.25
	一级	0.8～1.2	2.18	1.83
	二级	0.5～0.8	10.85	9.11
	三级	0.4～0.5	16.60	13.94
	含硒	0.2～0.4	85.91	72.13
	低硒	≤0.2	3.23	2.71

沿河土家族自治县耕地土壤硒元素地球化学等级图

松桃苗族自治县

色阶	评价等级	含量/(mg/kg)	面积/万亩	占比/%
	过剩	>3.0	0.06	0.05
	特级	1.2~3.0	0.44	0.38
	一级	0.8~1.2	1.04	0.92
	二级	0.5~0.8	51.07	44.89
	三级	0.4~0.5	47.23	41.51
	含硒	0.2~0.4	13.50	11.87
	低硒	≤0.2	0.44	0.39

松桃苗族自治县耕地土壤硒元素地球化学等级图

黔东南苗族侗族自治州

色阶	评价等级	含量/(mg/kg)	面积/万亩	占比/%
	过剩	>3.0	0.73	0.11
	特级	1.2～3.0	12.09	1.80
	一级	0.8～1.2	32.45	4.84
	二级	0.5～0.8	185.30	27.65
	三级	0.4～0.5	172.91	25.80
	含硒	0.2～0.4	261.68	39.05
	低硒	≤0.2	4.96	0.74

黔东南苗族侗族自治州耕地土壤硒元素地球化学等级图

凯里市

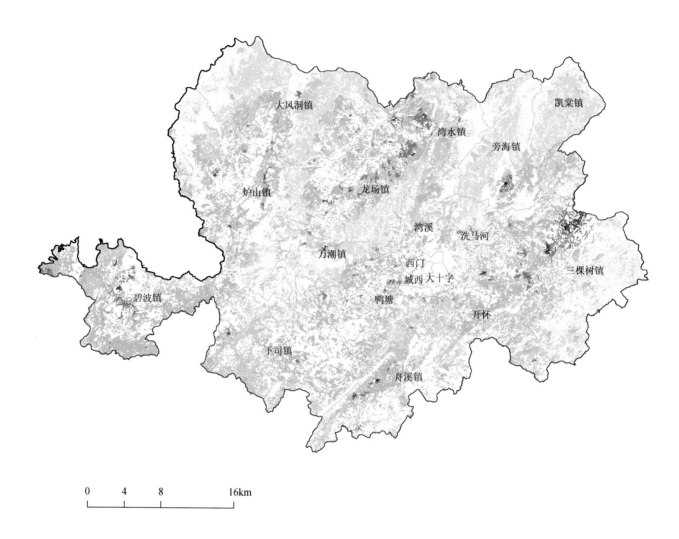

0   4   8   16km

色阶	评价等级	含量/(mg/kg)	面积/万亩	占比/%
	过剩	>3.0	0.02	0.03
	特级	1.2～3.0	0.33	0.56
	一级	0.8～1.2	1.99	3.37
	二级	0.5～0.8	23.84	40.40
	三级	0.4～0.5	13.60	23.05
	含硒	0.2～0.4	18.72	31.72
	低硒	≤0.2	0.51	0.86

凯里市耕地土壤硒元素地球化学等级图

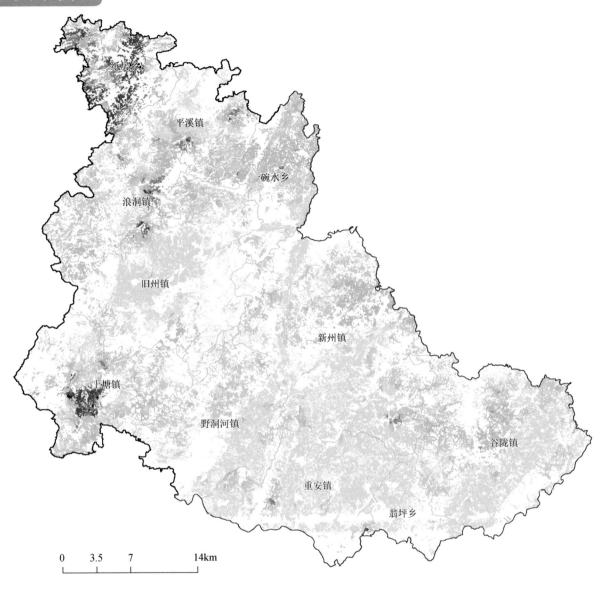

黄平县

色阶	评价等级	含量/(mg/kg)	面积/万亩	占比/%
	过剩	>3.0	0.05	0.07
	特级	1.2~3.0	1.24	1.74
	一级	0.8~1.2	1.41	1.97
	二级	0.5~0.8	9.97	13.96
	三级	0.4~0.5	18.41	25.77
	含硒	0.2~0.4	38.86	54.40
	低硒	≤0.2	1.49	2.08

黄平县耕地土壤硒元素地球化学等级图

施秉县

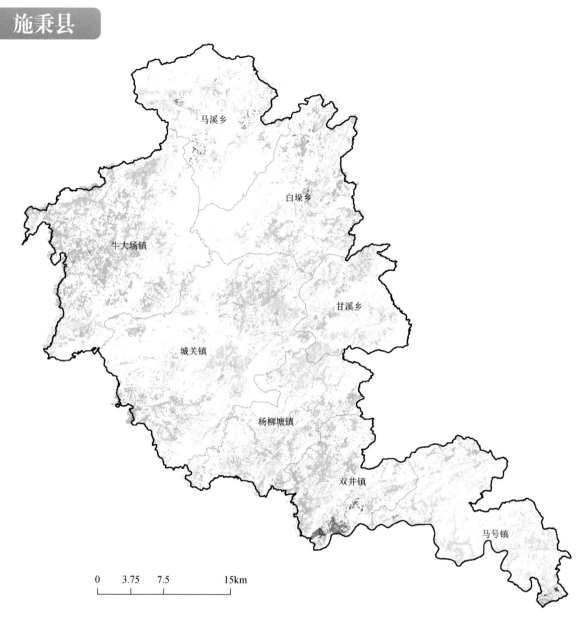

色阶	评价等级	含量/(mg/kg)	面积/万亩	占比/%
	过剩	>3.0	0	0
	特级	1.2～3.0	0.11	0.31
	一级	0.8～1.2	0.46	1.28
	二级	0.5～0.8	8.30	23.01
	三级	0.4～0.5	13.21	36.60
	含硒	0.2～0.4	13.63	37.76
	低硒	≤0.2	0.37	1.03

施秉县耕地土壤硒元素地球化学等级图

三穗县

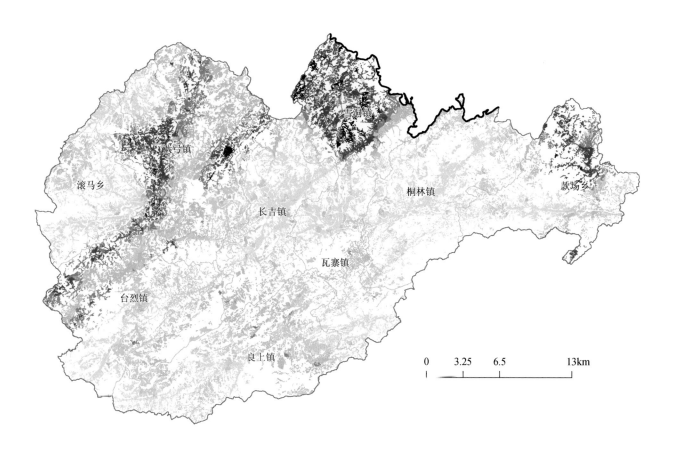

色阶	评价等级	含量/(mg/kg)	面积/万亩	占比/%
	过剩	>3.0	0.36	1.29
	特级	1.2~3.0	2.75	9.89
	一级	0.8~1.2	2.18	7.85
	二级	0.5~0.8	5.83	20.99
	三级	0.4~0.5	6.42	23.13
	含硒	0.2~0.4	10.23	36.85
	低硒	≤0.2	0	0

三穗县耕地土壤硒元素地球化学等级图

镇远县

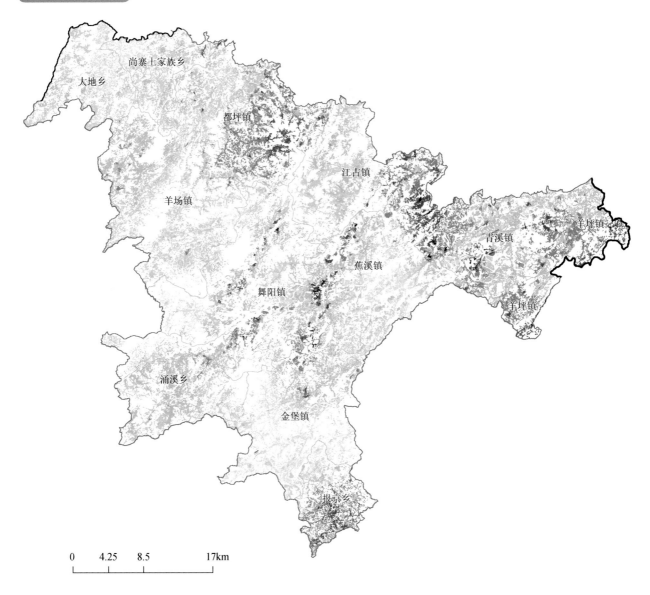

色阶	评价等级	含量/(mg/kg)	面积/万亩	占比/%
	过剩	>3.0	0.14	0.27
	特级	1.2~3.0	2.13	4.24
	一级	0.8~1.2	7.24	14.39
	二级	0.5~0.8	18.41	36.58
	三级	0.4~0.5	13.94	27.70
	含硒	0.2~0.4	8.45	16.79
	低硒	≤0.2	0.01	0.02

镇远县耕地土壤硒元素地球化学等级图

岑巩县

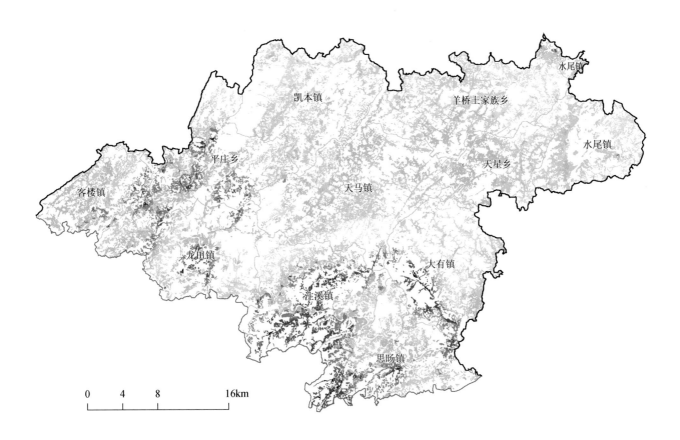

色阶	评价等级	含量/(mg/kg)	面积/万亩	占比/%
	过剩	>3.0	0.06	0.15
	特级	1.2～3.0	1.75	4.50
	一级	0.8～1.2	3.30	8.49
	二级	0.5～0.8	10.98	28.20
	三级	0.4～0.5	15.27	39.23
	含硒	0.2～0.4	7.56	19.41
	低硒	≤0.2	0.01	0.02

岑巩县耕地土壤硒元素地球化学等级图

天柱县

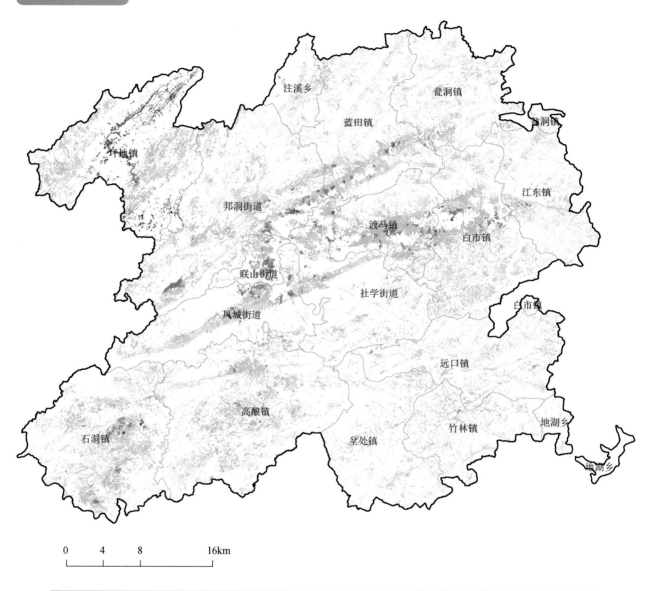

色阶	评价等级	含量/(mg/kg)	面积/万亩	占比/%
	过剩	>3.0	0.01	0.03
	特级	1.2～3.0	0.54	1.09
	一级	0.8～1.2	2.58	5.22
	二级	0.5～0.8	14.71	29.72
	三级	0.4～0.5	15.43	31.19
	含硒	0.2～0.4	16.19	32.71
	低硒	≤0.2	0.03	0.05

天柱县耕地土壤硒元素地球化学等级图

锦屏县

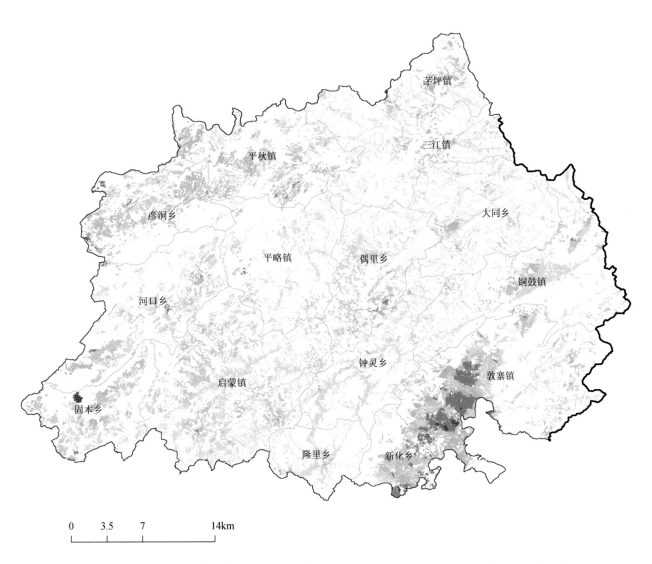

0   3.5   7   14km

色阶	评价等级	含量/(mg/kg)	面积/万亩	占比/%
	过剩	>3.0	0	0
	特级	1.2～3.0	0.17	0.59
	一级	0.8～1.2	1.90	6.71
	二级	0.5～0.8	6.10	21.59
	三级	0.4～0.5	7.61	26.93
	含硒	0.2～0.4	12.43	43.95
	低硒	≤0.2	0.07	0.24

锦屏县耕地土壤硒元素地球化学等级图

剑河县

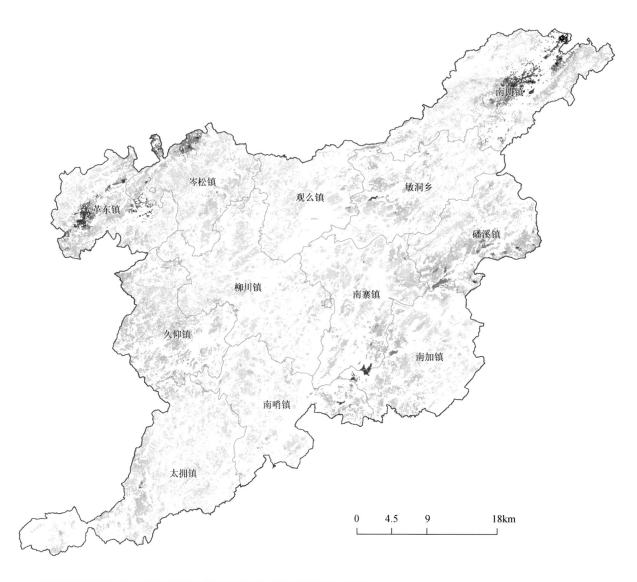

色阶	评价等级	含量/(mg/kg)	面积/万亩	占比/%
	过剩	>3.0	0.06	0.14
	特级	1.2～3.0	0.96	2.23
	一级	0.8～1.2	1.42	3.32
	二级	0.5～0.8	6.47	15.12
	三级	0.4～0.5	9.64	22.54
	含硒	0.2～0.4	24.00	56.11
	低硒	≤0.2	0.23	0.53

剑河县耕地土壤硒元素地球化学等级图

台江县

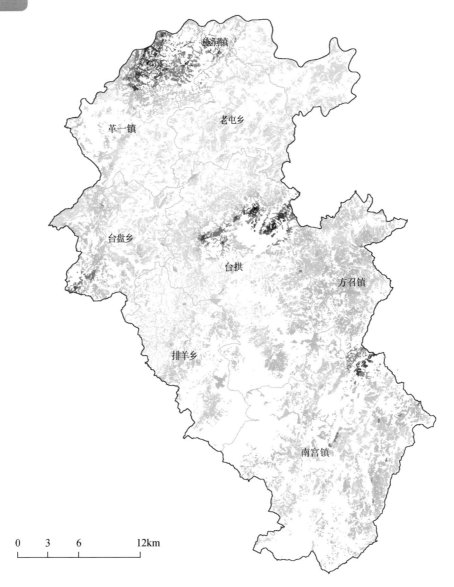

色阶	评价等级	含量/(mg/kg)	面积/万亩	占比/%
	过剩	>3.0	0.01	0.07
	特级	1.2～3.0	0.50	2.86
	一级	0.8～1.2	0.86	4.92
	二级	0.5～0.8	3.43	19.61
	三级	0.4～0.5	5.28	30.13
	含硒	0.2～0.4	7.38	42.10
	低硒	≤0.2	0.06	0.32

台江县耕地土壤硒元素地球化学等级图

黎平县

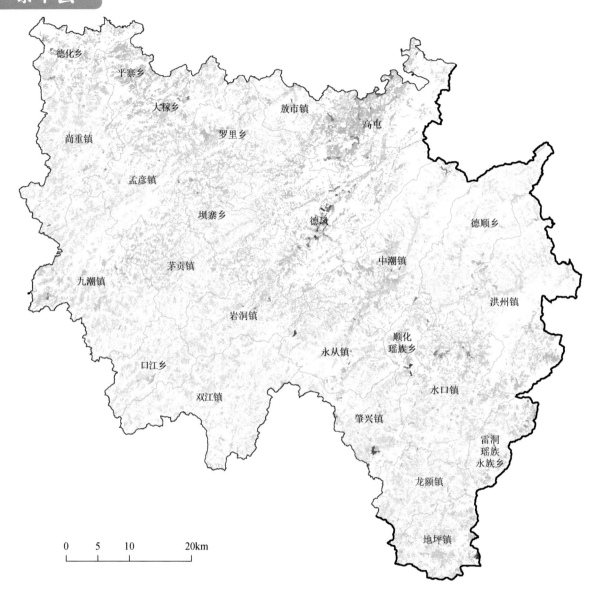

色阶	评价等级	含量/(mg/kg)	面积/万亩	占比/%
	过剩	>3.0	0	0
	特级	1.2～3.0	0.24	0.32
	一级	0.8～1.2	1.07	1.42
	二级	0.5～0.8	13.10	17.40
	三级	0.4～0.5	19.70	26.16
	含硒	0.2～0.4	40.61	53.93
	低硒	≤0.2	0.58	0.76

黎平县耕地土壤硒元素地球化学等级图

榕江县

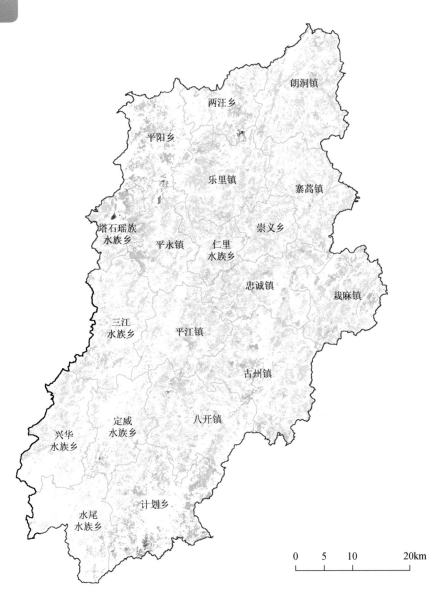

色阶	评价等级	含量/(mg/kg)	面积/万亩	占比/%
	过剩	>3.0	0	0
	特级	1.2~3.0	0.05	0.13
	一级	0.8~1.2	0.19	0.50
	二级	0.5~0.8	2.71	7.24
	三级	0.4~0.5	5.18	13.58
	含硒	0.2~0.4	28.00	74.79
	低硒	≤0.2	1.31	3.49

榕江县耕地土壤硒元素地球化学等级图

从江县

色阶	评价等级	含量/(mg/kg)	面积/万亩	占比/%
	过剩	>3.0	0	0
	特级	1.2~3.0	0.22	0.43
	一级	0.8~1.2	1.03	2.00
	二级	0.5~0.8	15.58	30.38
	三级	0.4~0.5	11.15	21.73
	含硒	0.2~0.4	23.02	44.88
	低硒	≤0.2	0.30	0.58

从江县耕地土壤硒元素地球化学等级图

雷山县

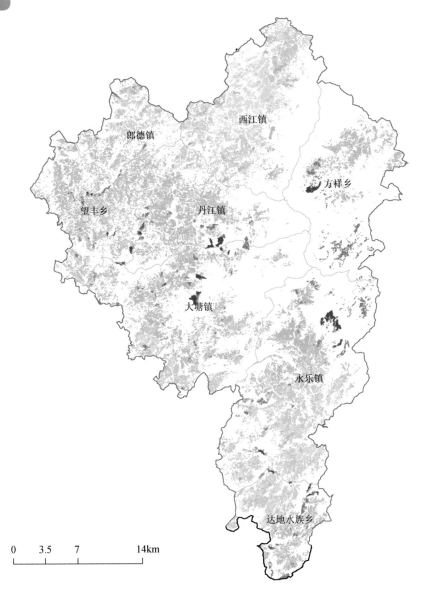

色阶	评价等级	含量/(mg/kg)	面积/万亩	占比/%
	过剩	＞3.0	0	0
	特级	1.2～3.0	0.65	2.53
	一级	0.8～1.2	1.40	5.43
	二级	0.5～0.8	11.92	46.13
	三级	0.4～0.5	7.00	27.08
	含硒	0.2～0.4	4.87	18.84
	低硒	≤0.2	0	0

雷山县耕地土壤硒元素地球化学等级图

麻江县

| 0   3.25   6.5   13km |

色阶	评价等级	含量/(mg/kg)	面积/万亩	占比/%
	过剩	>3.0	0.003	0.01
	特级	1.2~3.0	0.10	0.28
	一级	0.8~1.2	1.85	5.49
	二级	0.5~0.8	22.95	68.29
	三级	0.4~0.5	6.36	18.93
	含硒	0.2~0.4	2.34	6.97
	低硒	≤0.2	0.01	0.02

麻江县耕地土壤硒元素地球化学等级图

丹寨县

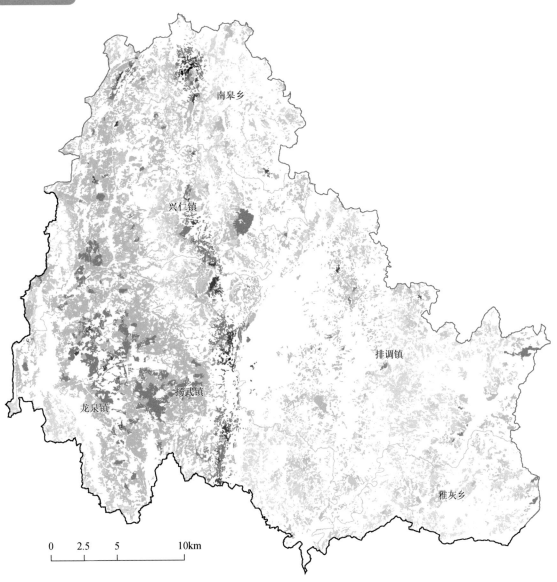

色阶	评价等级	含量/(mg/kg)	面积/万亩	占比/%
	过剩	>3.0	0.01	0.05
	特级	1.2~3.0	0.34	1.37
	一级	0.8~1.2	3.57	14.25
	二级	0.5~0.8	11.00	43.90
	三级	0.4~0.5	4.71	18.79
	含硒	0.2~0.4	5.41	21.60
	低硒	≤0.2	0.01	0.04

丹寨县耕地土壤硒元素地球化学等级图

黔南布依族苗族自治州

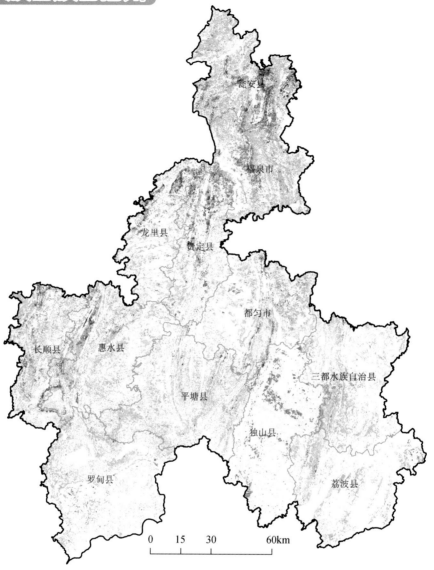

色阶	评价等级	含量/(mg/kg)	面积/万亩	占比/%
	过剩	＞3.0	1.09	0.14
	特级	1.2～3.0	25.40	3.17
	一级	0.8～1.2	75.14	9.39
	二级	0.5～0.8	287.51	35.94
	三级	0.4～0.5	186.39	23.30
	含硒	0.2～0.4	210.51	26.31
	低硒	≤0.2	14.02	1.75

黔南布依族苗族自治州耕地土壤硒元素地球化学等级图

都匀市

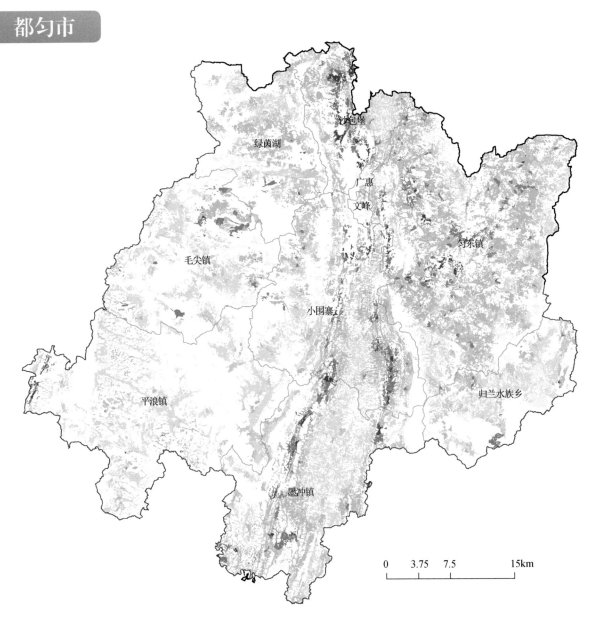

色阶	评价等级	含量/(mg/kg)	面积/万亩	占比/%
	过剩	>3.0	0	0
	特级	1.2~3.0	1.29	1.38
	一级	0.8~1.2	6.60	7.06
	二级	0.5~0.8	29.27	31.30
	三级	0.4~0.5	17.21	18.41
	含硒	0.2~0.4	34.35	36.73
	低硒	≤0.2	4.79	5.12

都匀市耕地土壤硒元素地球化学等级图

福泉市

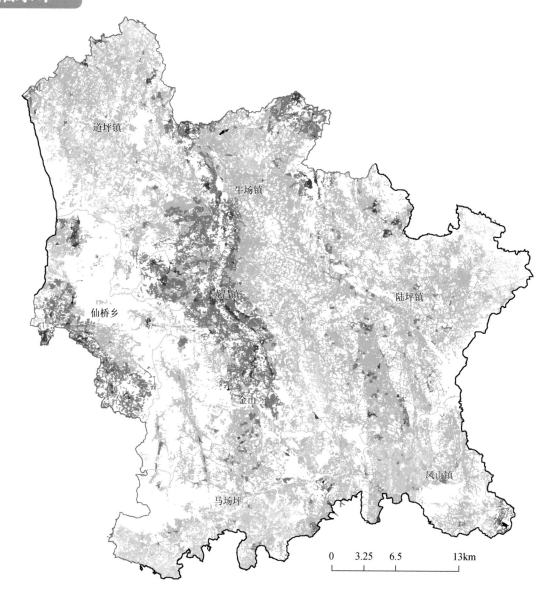

色阶	评价等级	含量/(mg/kg)	面积/万亩	占比/%
	过剩	>3.0	0.04	0.06
	特级	1.2~3.0	1.24	1.86
	一级	0.8~1.2	11.84	17.70
	二级	0.5~0.8	39.50	59.04
	三级	0.4~0.5	10.08	15.06
	含硒	0.2~0.4	3.68	5.51
	低硒	≤0.2	0.53	0.79

福泉市耕地土壤硒元素地球化学等级图

荔波县

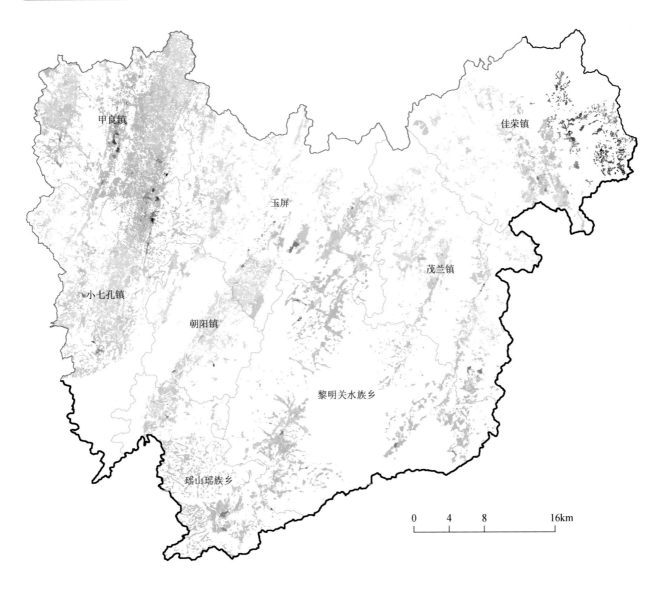

色阶	评价等级	含量/(mg/kg)	面积/万亩	占比/%
	过剩	>3.0	0.02	0.07
	特级	1.2～3.0	0.35	1.12
	一级	0.8～1.2	0.64	2.06
	二级	0.5～0.8	8.84	28.62
	三级	0.4～0.5	9.32	30.19
	含硒	0.2～0.4	11.23	36.37
	低硒	≤0.2	0.48	1.57

荔波县耕地土壤硒元素地球化学等级图

贵定县

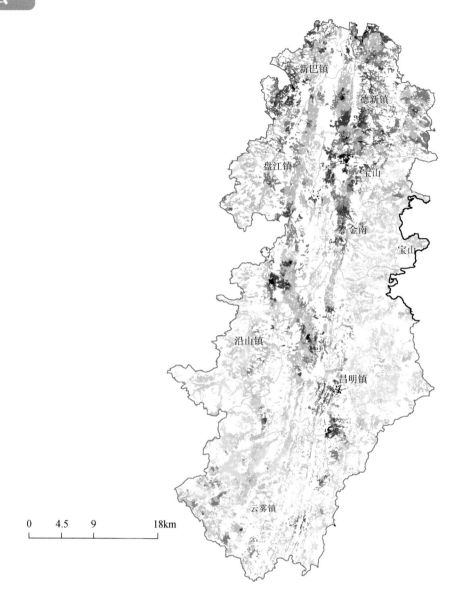

0 4.5 9 18km

色阶	评价等级	含量/(mg/kg)	面积/万亩	占比/%
	过剩	>3.0	0.30	0.56
	特级	1.2～3.0	4.11	7.74
	一级	0.8～1.2	8.97	16.92
	二级	0.5～0.8	17.01	32.07
	三级	0.4～0.5	9.03	17.04
	含硒	0.2～0.4	12.91	24.34
	低硒	≤0.2	0.70	1.32

贵定县耕地土壤硒元素地球化学等级图

瓮安县

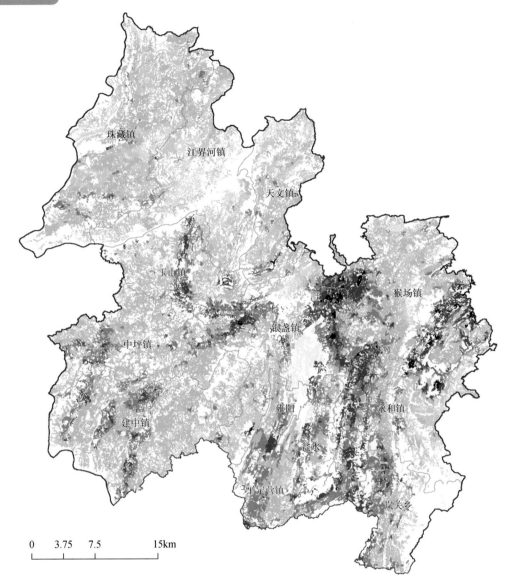

色阶	评价等级	含量/(mg/kg)	面积/万亩	占比/%
	过剩	>3.0	0.53	0.54
	特级	1.2~3.0	7.91	8.18
	一级	0.8~1.2	17.22	17.81
	二级	0.5~0.8	46.15	47.73
	三级	0.4~0.5	17.02	17.60
	含硒	0.2~0.4	7.70	7.96
	低硒	≤0.2	0.16	0.17

瓮安县耕地土壤硒元素地球化学等级图

独山县

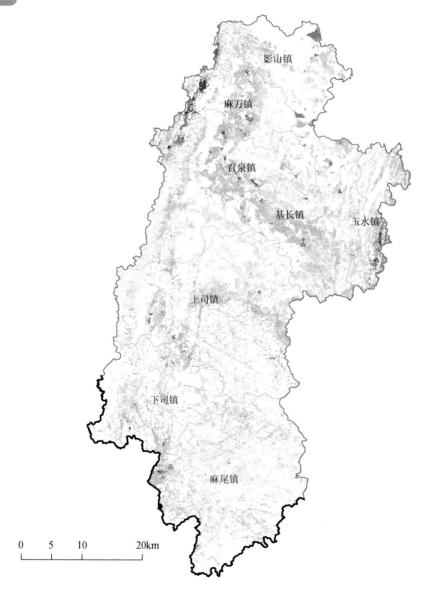

色阶	评价等级	含量/(mg/kg)	面积/万亩	占比/%
	过剩	>3.0	0.01	0.02
	特级	1.2~3.0	0.51	0.86
	一级	0.8~1.2	2.10	3.55
	二级	0.5~0.8	11.60	19.67
	三级	0.4~0.5	14.94	25.32
	含硒	0.2~0.4	28.94	49.07
	低硒	≤0.2	0.89	1.50

独山县耕地土壤硒元素地球化学等级图

平塘县

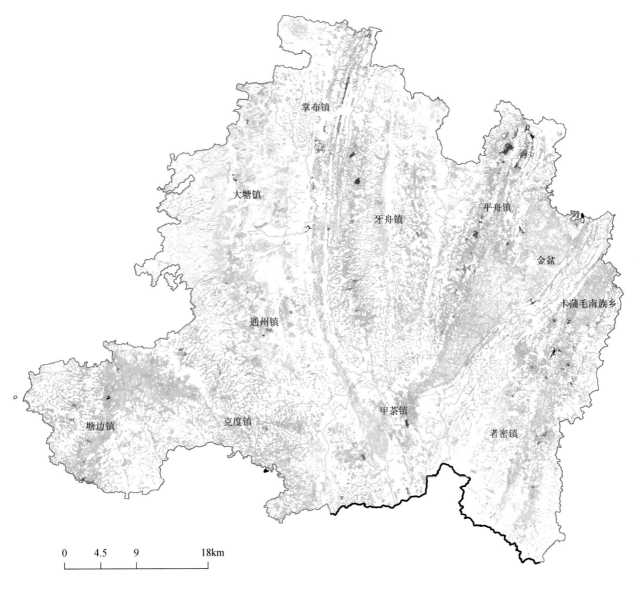

0   4.5   9   18km

色阶	评价等级	含量/(mg/kg)	面积/万亩	占比/%
	过剩	>3.0	0.03	0.04
	特级	1.2~3.0	0.37	0.48
	一级	0.8~1.2	0.98	1.29
	二级	0.5~0.8	21.94	28.69
	三级	0.4~0.5	30.85	40.34
	含硒	0.2~0.4	21.09	27.57
	低硒	≤0.2	1.22	1.59

平塘县耕地土壤硒元素地球化学等级图

罗甸县

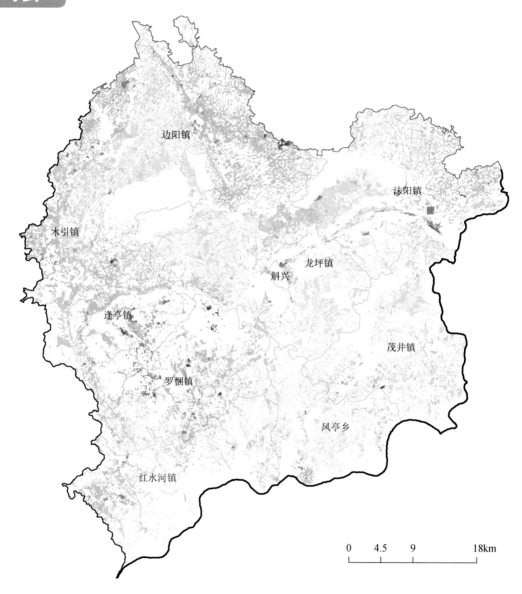

色阶	评价等级	含量/(mg/kg)	面积/万亩	占比/%
	过剩	>3.0	0.01	0.01
	特级	1.2~3.0	0.41	0.51
	一级	0.8~1.2	2.08	2.60
	二级	0.5~0.8	27.01	33.73
	三级	0.4~0.5	20.04	25.02
	含硒	0.2~0.4	29.92	37.36
	低硒	≤0.2	0.62	0.77

罗甸县耕地土壤硒元素地球化学等级图

长顺县

0   4.25   8.5   17km

色阶	评价等级	含量/(mg/kg)	面积/万亩	占比/%
	过剩	>3.0	0.02	0.04
	特级	1.2～3.0	2.46	3.85
	一级	0.8～1.2	8.78	13.72
	二级	0.5～0.8	31.40	49.09
	三级	0.4～0.5	12.28	19.19
	含硒	0.2～0.4	7.77	12.15
	低硒	≤0.2	1.25	1.95

长顺县耕地土壤硒元素地球化学等级图

龙里县

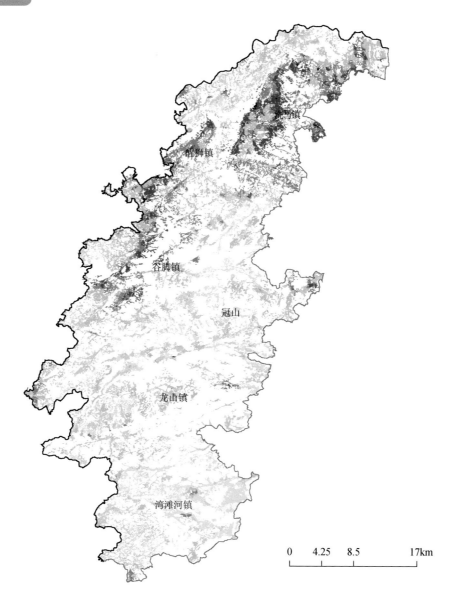

色阶	评价等级	含量/(mg/kg)	面积/万亩	占比/%
	过剩	>3.0	0.06	0.14
	特级	1.2～3.0	3.79	8.41
	一级	0.8～1.2	6.81	15.12
	二级	0.5～0.8	13.21	29.32
	三级	0.4～0.5	9.55	21.19
	含硒	0.2～0.4	11.08	24.58
	低硒	≤0.2	0.55	1.23

龙里县耕地土壤硒元素地球化学等级图

惠水县

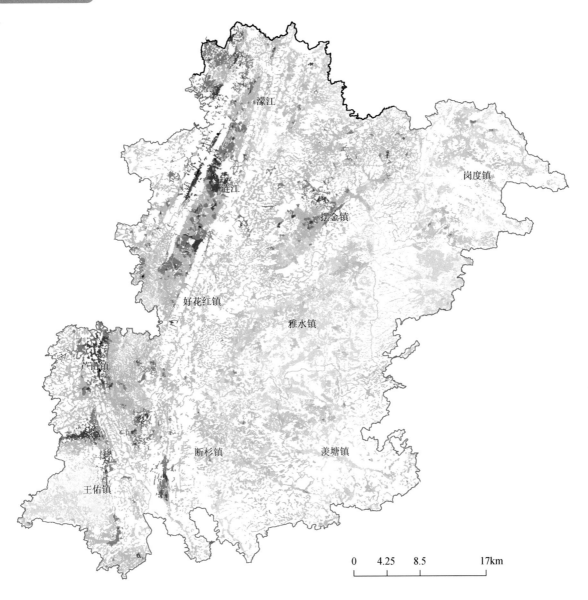

0   4.25   8.5   17km

色阶	评价等级	含量/(mg/kg)	面积/万亩	占比/%
	过剩	＞3.0	0.05	0.06
	特级	1.2～3.0	2.53	3.10
	一级	0.8～1.2	7.72	9.44
	二级	0.5～0.8	28.57	34.94
	三级	0.4～0.5	17.53	21.44
	含硒	0.2～0.4	23.41	28.63
	低硒	≤0.2	1.96	2.40

惠水县耕地土壤硒元素地球化学等级图

三都水族自治县

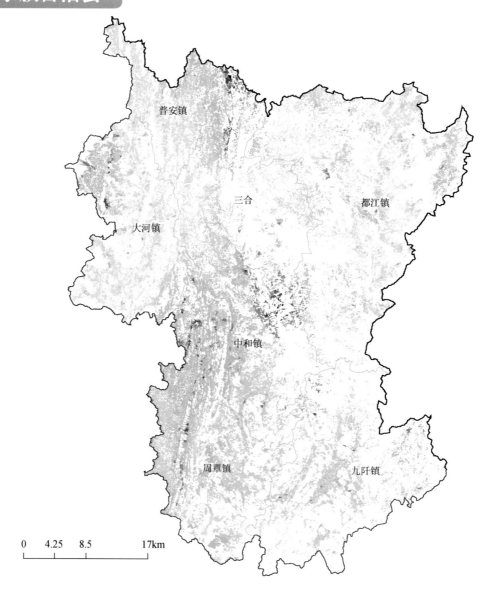

0   4.25   8.5   17km

色阶	评价等级	含量/(mg/kg)	面积/万亩	占比/%
	过剩	>3.0	0.02	0.05
	特级	1.2~3.0	0.42	0.80
	一级	0.8~1.2	1.40	2.66
	二级	0.5~0.8	13.00	24.68
	三级	0.4~0.5	18.54	35.19
	含硒	0.2~0.4	18.42	34.96
	低硒	≤0.2	0.87	1.66

三都水族自治县耕地土壤硒元素地球化学等级图

黔西南布依族苗族自治州

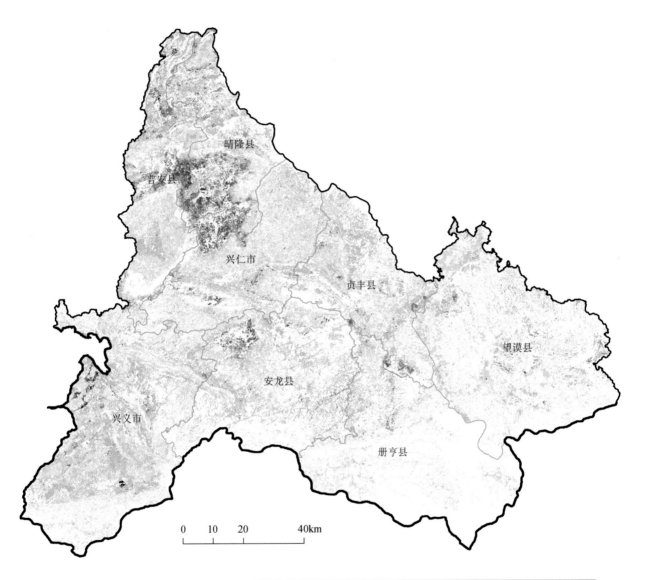

色阶	评价等级	含量/(mg/kg)	面积/万亩	占比/%
	过剩	>3.0	0.38	0.06
	特级	1.2~3.0	14.93	2.22
	一级	0.8~1.2	34.25	5.10
	二级	0.5~0.8	130.87	19.49
	三级	0.4~0.5	135.67	20.20
	含硒	0.2~0.4	324.46	48.32
	低硒	≤0.2	30.98	4.61

黔西南布依族苗族自治州耕地土壤硒元素地球化学等级图

兴义市

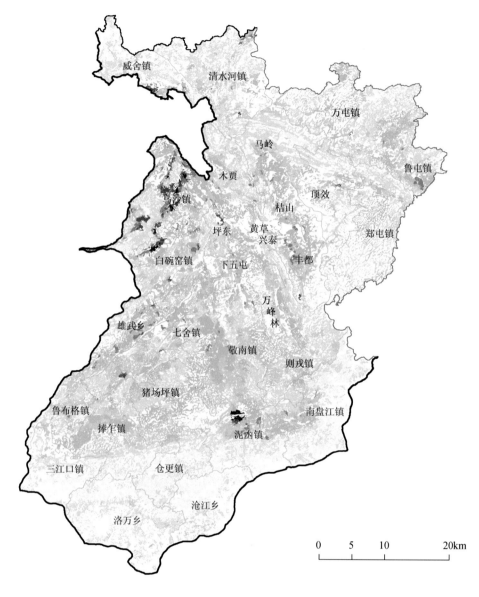

色阶	评价等级	含量/(mg/kg)	面积/万亩	占比/%
	过剩	>3.0	0.24	0.20
	特级	1.2~3.0	1.27	1.03
	一级	0.8~1.2	2.50	2.03
	二级	0.5~0.8	26.91	21.86
	三级	0.4~0.5	26.18	21.26
	含硒	0.2~0.4	55.73	45.28
	低硒	≤0.2	10.26	8.34

兴义市耕地土壤硒元素地球化学等级图

兴仁市

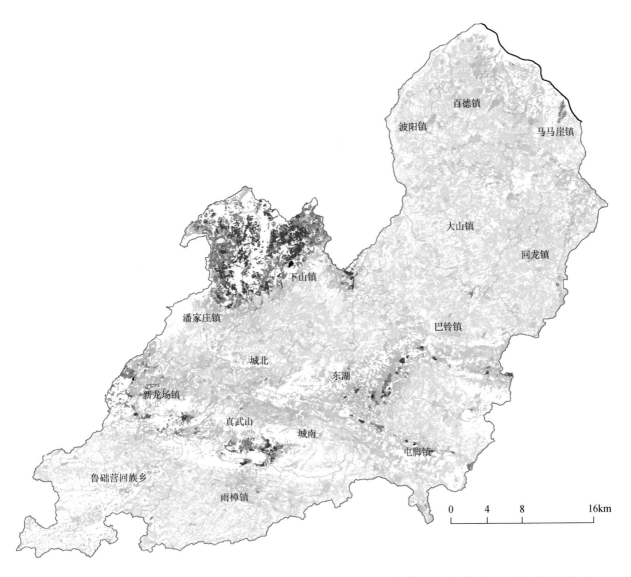

色阶	评价等级	含量/(mg/kg)	面积/万亩	占比/%
	过剩	>3.0	0.04	0.04
	特级	1.2～3.0	2.57	2.78
	一级	0.8～1.2	4.26	4.60
	二级	0.5～0.8	9.00	9.74
	三级	0.4～0.5	15.62	16.90
	含硒	0.2～0.4	57.26	61.94
	低硒	≤0.2	3.70	4.00

兴仁市耕地土壤硒元素地球化学等级图

普安县

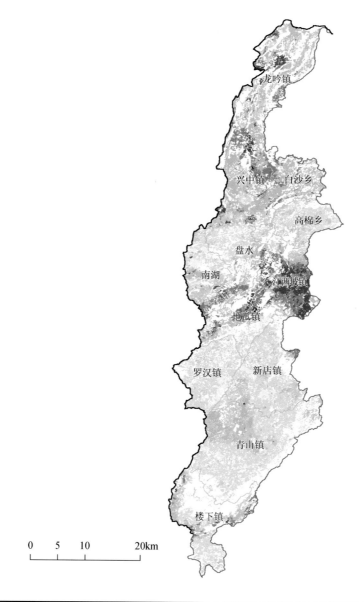

色阶	评价等级	含量/(mg/kg)	面积/万亩	占比/%
	过剩	>3.0	0.03	0.05
	特级	1.2～3.0	3.67	4.99
	一级	0.8～1.2	7.63	10.38
	二级	0.5～0.8	16.75	22.78
	三级	0.4～0.5	10.10	13.74
	含硒	0.2～0.4	31.48	42.82
	低硒	≤0.2	3.85	5.24

普安县耕地土壤硒元素地球化学等级图

晴隆县

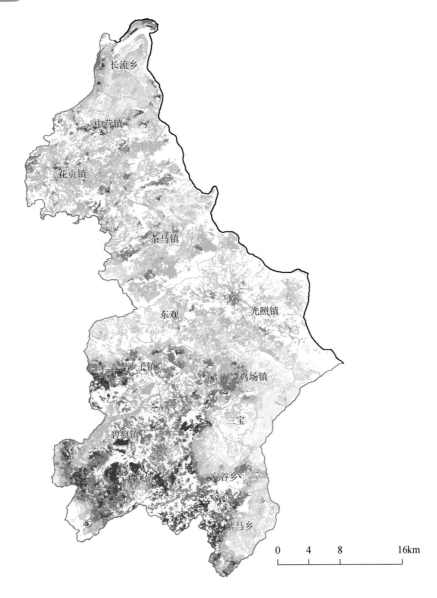

色阶	评价等级	含量/(mg/kg)	面积/万亩	占比/%
	过剩	>3.0	0.01	0.01
	特级	1.2~3.0	4.92	8.03
	一级	0.8~1.2	12.09	19.74
	二级	0.5~0.8	19.67	32.11
	三级	0.4~0.5	8.66	14.13
	含硒	0.2~0.4	12.40	20.25
	低硒	≤0.2	3.50	5.72

晴隆县耕地土壤硒元素地球化学等级图

贞丰县

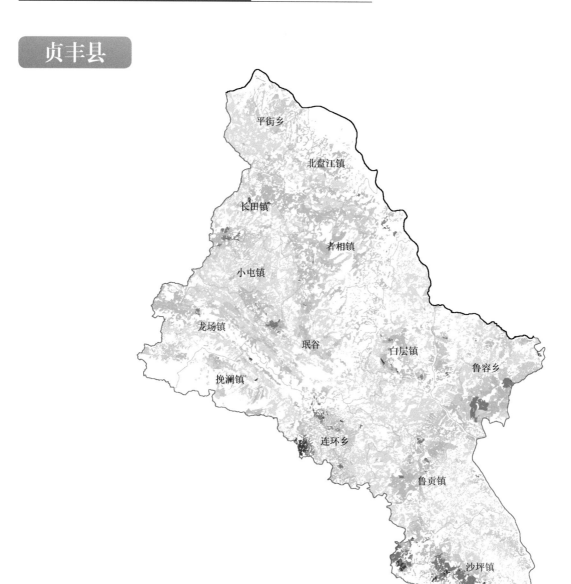

色阶	评价等级	含量/(mg/kg)	面积/万亩	占比/%
	过剩	>3.0	0	0
	特级	1.2～3.0	0.48	0.54
	一级	0.8～1.2	2.90	3.26
	二级	0.5～0.8	17.93	20.11
	三级	0.4～0.5	21.84	24.50
	含硒	0.2～0.4	45.17	50.68
	低硒	≤0.2	0.81	0.91

贞丰县耕地土壤硒元素地球化学等级图

望谟县

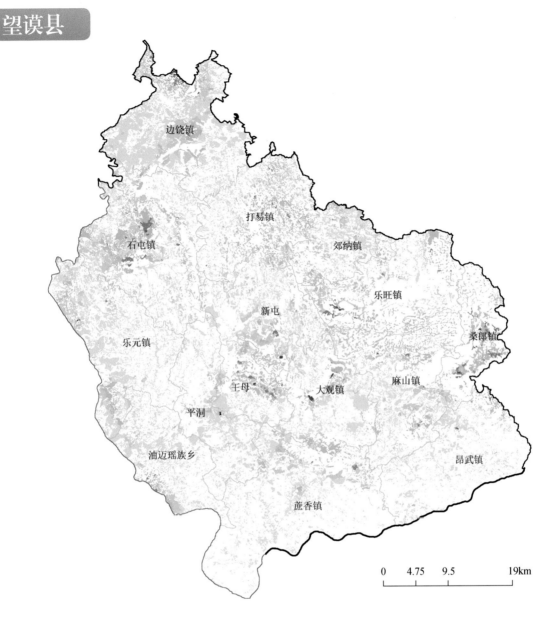

色阶	评价等级	含量/(mg/kg)	面积/万亩	占比/%
	过剩	>3.0	0.01	0.01
	特级	1.2～3.0	0.21	0.28
	一级	0.8～1.2	1.23	1.58
	二级	0.5～0.8	12.09	15.50
	三级	0.4～0.5	16.27	20.86
	含硒	0.2～0.4	46.56	59.69
	低硒	≤0.2	1.62	2.08

望谟县耕地土壤硒元素地球化学等级图

册亨县

色阶	评价等级	含量/(mg/kg)	面积/万亩	占比/%
	过剩	>3.0	0	0
	特级	1.2～3.0	0.05	0.08
	一级	0.8～1.2	0.68	1.17
	二级	0.5～0.8	8.10	14.02
	三级	0.4～0.5	10.03	17.37
	含硒	0.2～0.4	34.35	59.47
	低硒	≤0.2	4.55	7.89

册亨县耕地土壤硒元素地球化学等级图

安龙县

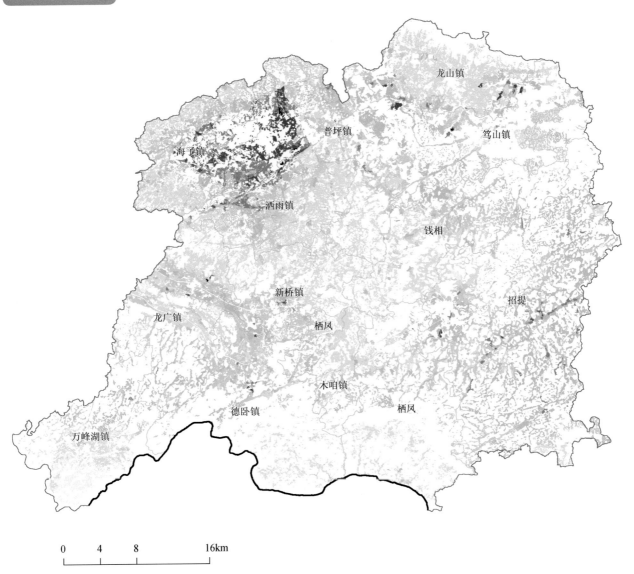

色阶	评价等级	含量/(mg/kg)	面积/万亩	占比/%
	过剩	>3.0	0.05	0.05
	特级	1.2～3.0	1.76	1.83
	一级	0.8～1.2	2.96	3.07
	二级	0.5～0.8	20.41	21.19
	三级	0.4～0.5	26.97	28.00
	含硒	0.2～0.4	41.50	43.08
	低硒	≤0.2	2.67	2.77

安龙县耕地土壤硒元素地球化学等级图